ドイツ海軍興亡史

創設から第二次大戦敗北までの人物群像

谷光 太郎

芙蓉書房出版

はじめに

　近代ドイツ海軍史ほど興味深い海軍史はあるまい。300の独立王国に分れていたドイツ語圏地域がプロイセン王国を中心にまとまり、ドイツ帝国となったのが、日本の明治維新とほぼ同時期の1871年であった。

　北海の袋小路のような、どん詰まりにある海岸の一部と、狭い海峡を抜けなければ外洋に出られない、内海とも言えるバルト海海岸の一部を領有していたのはプロイセン王国のみで、海軍と呼ばれるようなものはドイツ帝国が成立するまで無きに等しかった。

　帝国として結集された後も海軍力は、小型艦艇による北海とバルト海の一部を担当する沿岸防備隊で十分というのがビスマルク首相やモルトケ参謀総長の考えであった。もともと、ドイツは大陸国、陸軍国なのだ。

　プロイセンは、1863年にはデンマークと、1866年にはオーストリアと、1870年にはフランスと戦い、圧倒的勝利を収め、その陸軍の威名を高めた。この戦争は陸戦だけで、海戦はなかった。ドイツ帝国の中核となったプロイセン王国の政治・軍事を支えた土地貴族ユンカーの子弟は陸軍をこそ志望すれ、海軍を志望する者はほとんどいなかった。ドイツの生存と陸軍は大いに関係するが、海軍はあまり関係がないというのが国家予算を審議する帝国議会の考えであって、当然、海軍予算は冷遇された。

　ドイツ帝国成立後も、僅かな海岸線を守る海岸警備隊を持っていたのはプロイセン王国だけだったし、各王国はそのままで、それぞれ独自の陸軍を保有しており、戦時になると、プロイセン王でドイツ皇帝を兼ねる皇帝が全ドイツ陸軍を指揮したのだが、海軍そのものを持っていたのは上述のようにプロイセン王国だけである。

　そのようなドイツが大海軍国である大英帝国に次ぐ海軍国となり、ドイツ帝国成立後、僅か40年余で、第一次大戦を始めるに至ったことは、建国当時には考えられなかったことだった。長らく、ドイツは軍艦や動力機関を自国で製造することが出来ず、英仏蘭といった国々に発注せざるを得なかった。

ドイツが英国に次ぐ大海軍国になり得たのは、ドイツの国力、工業力の増大が根本にあったのはもちろんであるが、29歳で即位したウイルヘルム2世の海軍国への野望があり、有能なティルピッツを海軍大臣に据え、19年間そのポストを続けさせ、目標に向って一直線に営々として軍艦の数を増やしていったことにある。

　第一次大戦に敗北したドイツは、英海軍との決戦を避けて残存させた虎の子の戦艦、巡洋艦等の主力水上艦隊を英海軍根拠地スカッパフローで全部沈められ、潜水艦の所持は禁じられた。そして莫大な賠償金を課せられ、天文学的インフレで、ドイツを支えて来た中堅層は崩壊した。ロシア革命から影響を受けた共産主義勢力が猖獗を極め、社会的にも政治的にも混乱の極に陥った。

　このような国内情勢下で、没落したかつての中流階級から支持を集めた国家社会主義ドイツ労働者党（ナチス）は国会で着々と議席を増やし、遂には第一党となって政権を握り、600万人いた失業者をなくしていった。ナチスの暗黒面を大多数の国民は知らなかったが、多くの国民にとって重要なのは、何とか食べていけることだった。国民は、ナチスが政権を握った後、生活が安定するようになったと実感した。

　第一次大戦の敗戦から僅か21年で、大海軍国英国と干戈を交える第二次大戦が勃発し、6年間弱戦い、再び敗れた。

　両次大戦でドイツ海軍の採った戦略には興味深いものがある。主力艦では到底英国に太刀打ち出来ず、地理的にも北海のどん詰まりにあり、大西洋に出るには北海を北上してスコットランド北部の英海軍根拠地スカッパフロー沖を経由しなければならない。水上の主力艦では大西洋進出は無理だ。新兵器である潜水艦を使って、昼間は海底で休み、夜間に北海を北上して大西洋に出て、英国へ往来する商船を襲い、英国の生命線たる大動脈の交通線を切断して、降伏を強いる戦略を採った。戦略は全く正しかったが、海軍戦力に勝る敵に対して苦し紛れの戦略とも言えなくはなかった。やがて米国の参戦により両次大戦とも敗北した。

　ドイツの海軍戦略と陸軍戦略は類似している点もあった。海に地理的不利があったように、陸でも地理的不利があった。東西にロシア、フランスという強力な陸軍国に囲まれたドイツにとって、陸軍兵力を迅速に集中・移動させて活用することが最重大事項であった。これを可能にするため、

ドイツ帝国成立時の参謀総長モルトケはドイツ国内に鉄道網を張り巡らせ、陸軍大学の最優等生を鉄道管理局に配置して、鉄道輸送の演習を繰り返した。東西の大国ロシアとフランスに挟撃されれば勝ち目がない。

　モルトケの後継者とも言うべきシュリーフェン参謀総長は、このジレンマに対処するため、綱渡りのように危い戦略（シュリーフェン・プラン）を考えた。やむなく東西の両国と戦端を交えるようになった場合は、ドイツ陸軍の全主力を西部戦線右翼に迅速果敢に集中し、防御力の薄いオランダ、ベルギーを経由し、一気呵成に準備の遅れがちなフランスに進入してパリを陥れる。かくしてフランスに城下の誓いを強い、返す刀で疾風枯葉を巻く如く、全主力を西部戦線から東部戦線に急送し、鈍重で動きの遅いロシア軍を撃つ、これがシュリーフェン・プランだ。

　ヒトラーも、自動車高速専用道路（アウトバーン）をドイツ国内に整備し、フォルクスワーゲンを中心とする自動車工業を興して、兵力の集中と東西間の兵力輸送を迅速に進めようとした。

　当時の国際社会通念では、戦艦や重巡洋艦は国家威厳の象徴だった。大艦巨砲時代の当時、英国と海上で戦うには、戦艦や重巡洋艦ではなく潜水艦しかないとドイツ海軍が決断するには時間を要した。両次大戦とも戦争後期になって潜水艦戦略一本に絞ったが、時既に遅しであった。

　また、主力艦（戦艦）は決戦に使用しなくても、存在だけで潜在敵国を威嚇することが出来るし、敗戦となっても残存させておけば終戦交渉に役立ち、戦後の海軍再興に役立つという、いわゆる「フリート・イン・ビイーング」の考えから抜け出すのも容易でなかった。営々として蓄積した主力艦を何とかして温存させたいとの消極的なドイツ海軍のこの考えが、完全に否定されたのも、両次大戦であった。

　そもそも、近代潜水艦のコンセプトを考案し、模型艦を試作したのはアイルランド人のジョン・P・ホーランドだった。ホーランドは、アイルランドへの植民地政策を強行し苛斂誅求を極める英国に怒り、アイルランド独立を目指す秘密結社に入った。英国を支えているのは海軍であり、その巨大な海軍を破壊するには尋常の手段では駄目だとして、毒蛇コブラが敵を襲うように、水中に潜んで突如英軍艦を襲う潜水艦を考えたのだ。秘密結社からの資金援助で作った試作品は、水上はガソリンエンジンで航行し、水中では電池で進み、武器は新兵器の魚雷を使用する、という現代潜水艦

の先駆けとなるものだった。

　第二次大戦後のソ連は、大海軍国米国に対峙するには水上艦では力が及ばないので、原子力潜水艦で対抗しようとした。この戦略を推し進めたのは、長年ソ連海軍のトップにあったゴルシコフ元帥である。しかし、ソ連は国防費の負担に耐えかねて1991年に崩壊し、ゴルシコフ元帥の戦略が実を結ぶことはなかった。

　現代の中国も、南シナ海、東シナ海への進出に加えて太平洋への進出を虎視眈々と狙っている。大陸国がランドパワー大国になってもそれだけでは満足出来ず、シーパワー大国への夢を持つのは、ドイツ、ソ連の過去、中国の現在を見ても必然的なことなのだろうか。

　僅か半世紀のドイツ海軍史ではあるが、そこには我々に示唆、暗示してくれる歴史の大きな経験が存在する。

　ドイツ海軍史をコンパクトにまとめた日本語文献がないのを以前より疑問に思っていた筆者は、海上自衛隊兵術同好会の『波涛』誌をはじめ各種雑誌に、ドイツ海軍提督の抄伝を連載してきた。この連載を大幅に加筆、修正し、新たに編集し直したのが本書である。読者諸賢の興味に応えることが出来れば望外の喜びであり、敢えて江湖に問う所以である。

　本書の刊行にあたっては、芙蓉書房出版の平澤公裕代表より数多くの御助言を戴いた。記して感謝の意を表したい。

　　令和２年盛夏

　　　　　　　　　　　　　　　　伊丹市の聴雨山房にて

　　　　　　　　　　　　　　　　　　谷光　太郎

ドイツ海軍興亡史　目次

第２部　　　　　　　　　　　　　　　　　　　　　　　　　　65

第一次大戦敗戦から
ナチスドイツの誕生と第二次大戦勃発まで
──ドイツ海軍を率いたレーダーとデーニッツ──

第5部　　　　　　　　　　　　　　　　　　　　　　　　*149*

Uボートのエース
ウォルフガング・リュート

第 1 部

ドイツ海軍の成立から第一次大戦敗戦まで
——ウィルヘルム2世とティルピッツ——

1. 初期のドイツ海軍

（1） ドイツを統一したプロイセンは海に関心を持たなかった

　イギリスやフランスの絶対王政成立が統一国家形成という形で進行したのに対して、ドイツは数多くの小国家間での集権化という道をたどった。ドイツは300近くの独立した小国家のゆるやかな統合体であった。

　小国分裂にとどまっていた原因は、①16世紀以来の宗教対立抗争が長く続いたこと、②地理的不利から世界商業発展の圏外に置かれたこと、地理上の発見（アメリカ大陸発見）によってドイツは世界商業の圏外に置かれ、市民階層の発展が充分に展開しなかったこと、③30年戦争（1618～1648）やルイ14世の侵略戦争によって国土が疲弊、都市が没落、人口が減少し、産業が衰えたことであった。

　このため、30年戦争後の被害が比較的少なかった東ドイツ（エルベ川以東）にドイツの中心が移っていった。この地は12世紀以来のブランデンブルグ辺境伯領と、13世紀頃にドイツ騎士団が建てたプロイセン公国であった。15世紀初め、ブランデンブルグ辺境伯に任じられたのがスイス付近の一領主であったホーエンツォレルン家（Hohenzollern）であった。ホーエンツォレルン家は17世紀にドイツ騎士団領プロイセンを併合、18世紀初頭にはプロイセン王国と称するようになった。プロイセン王国を強大化したのがフリードリヒ大王（Friedrich der Grosse）である。

　ハイデルベルグの街を流れるネッカー川を溯ると、シュツットガルト、さらに上流に行くとチュービンゲンに至る。この三つの街はいずれも古くからの学都として知られる。このチュービンゲンの近くにホーエンツォレルン城がある。尖った山の頂にあるのがこの城で、ホーエンツォレルン家の先祖がこの地の王として住んでいた城だ。13世紀に作られたという城は長らく廃城となっていた。ドイツ初代皇帝となるウイルヘルム1世は1850年から15年間かけて、この先祖の城を修築した。ここにはフリードリヒ大王の遺品をはじめ、ホーエンツォレルン家ゆかりの品々が展示されている（石出法太『世界の国ぐに

フリードリヒ大王

シャルンホルスト　　グナイゼナウ

の歴史——ドイツ』岩波書店、1991年）。

　フランス革命後、ナポレオンの時代になると、プロイセンはナポレオン軍と戦い、イエナの戦い（1806年）で敗れた。その結果、国土と人口の大半を失い、多額の賠償金を課せられた。敗戦によるナポレオン支配はドイツ人に国民的自覚をもたらした。捲土重来を期すプロイセンは、①農制、②兵制、③財政、④教育の改革を次々と行った。①は主として農奴の解放で、②はシャルンホルストとグナイゼナウによる常設参謀本部や陸軍大学の創設である。④はフンボルトによる普通教育の基礎確立と1810年のベルリン大学開設などであった。

　諸王国の群立状況にあったドイツにも統一の動きが興った。1848年にはフランクフルトで統一ドイツの憲法制定国民議会が開かれた。この議会では、大ドイツ主義（オーストリアを中心に統一）と小ドイツ主義（プロイセンを中心にオーストリアを除く）が対立した。結局、小ドイツ派が1849年にドイツ帝国憲法を作成し、プロイセン王を世襲の皇帝に選出した。しかし、プロイセン王はこれを拒否。1861年、プロイセン国王に即位したウイルヘルム１世はビスマルクを首相、モルトケを参謀総長に登用してドイツ統一に乗り出す。

　1862年9月、プロイセン王国の首相となったビスマルクは、就任早々、議会が軍事予算を否決すると、「現下の重要問題は、演説や多数決でなく、鉄と血（Eisen und Blut）で解決される」と演説し、「鉄血宰相」と呼ばれた。1867年、プロイセンを中心に、オーストリアを除く北ドイツ連邦が成立し、連邦の統治権は連邦議長たるプロイセン王に委ねられることになった。

　ドイツは15世紀のハンザ同盟の頃には、多くの軍船を持って、スカン

ビスマルク　　　　モルトケ

ジナビア諸国と交戦したこともあるが、16世紀の宗教戦争や17世紀の30年戦争で人口は半減し、ハンザ同盟港のハンブルグ、ブレーメン、リューベックといった港は衰亡し、以降、軍船を持つことはなかった。エルベ川河口近くの北海の要衝ヘルゴランド島は英領になった。ドイツ統一の中心となったプロイセンも、その地理的環境から海に関心を持たなかった。海に関心を持つようになったのは、ドイツ帝国成立後のウイルヘルム2世の治世になってからである。

（2）ドイツ帝国の成立

　プロイセンは、デンマーク戦争（1864年）、オーストリア戦争（1866年）に勝利し、ユトランド半島付け根のシュレスビヒ公国とホルシュタイン公国をプロイセン領とし、良港のキールを得た。そして1870年の普仏戦争（プロイセン・フランス戦争）にも勝利して、欧州の強国の地位を固めた。

　普仏戦争に勝利したウイルヘルム1世は、1871年1月、プロイセン軍占領下のパリ・ベルサイユ宮殿で戴冠式を行い、北ドイツ連邦、南ドイツ諸国（ババリアなど）を含むドイツ帝国の皇帝に選ばれた。ドイツ帝国は連邦制国家で、プロイセン王が皇帝を兼ねた。1871年4月、ドイツ帝国憲法が発布され、ビスマルクが初代帝国宰相に任じられた。ドイツ帝国の人口は4,100万人。人口、領土ともに、その5分3をプロイセンが占めた。プロテスタントが62％、カトリックが36％である。

　立法府は連邦参議院と帝国議会からなり、中央政府の財源は主として間接税や各州政府の分担金に依存したため、財源基盤の貧弱な小さな行政府であった。各州は独自の陸軍を持ち、戦時には皇帝の指揮に従った。海軍はプロイセン王国のみが所持していたこともあり、ドイツ帝国に直属した。

　連邦参議院はプロイセンが17議席、他の構成州が25議席、さらに構成国政府の代理人からなる58議席で構成された。帝国議会は予算審議権は持つものの、軍事・外交上の発言は封じられ、政府側の提案に賛否を表明するだけの機関であった。政党は保守系の国民自由党、カトリック系の中央党が中心的存在で、工場労働者の増大と共に、社会主義政党の社会民主党も勢力を伸していった。

（3）ドイツ帝国海軍の発足

　ここでドイツが統一された初期の海軍創設について概観しておこう。

　1853年、プロイセン王フリードリヒ・ウイルヘルムは、従弟アダルベルト公を部長とするプロイセン海軍部を作ったが、最初は艦も士官も水兵も海軍基地もなかった。

　翌1854年、ヤーデ湾に臨む5マイル平方の土地をオルデンブルグ公から購入、以降15年間に亘って、ここにウイルヘルムスハーフェン（ウイルヘルム王の港の意味）軍港が造られていった。ユトランド半島の付け根にあるシュレスビヒ公国とホルシュタイン公国はデンマーク王が統治していたが、住民はドイツ人が85万人、デンマーク人が15万人で、この二つの公国の帰属問題が紛争の種であった。プロイセンは、1864年の対デンマーク戦争で、シュレスビヒ州とホルシュタイン州を獲得し、この時以降、アダルベルト公はバルト海にキール、北海にウイルヘルムスハーフェンの二つの軍港を持つこととなった。しかし造船所がないので、英国の造船所で建造したり、フランスから艦を購入したりするしかなかった。

　1869年、当時世界最大の「ケーニッヒ・ウイルヘルム（ウイルヘルム王の意味）」（9,700トン）の建造を英国の造船所に依頼した。水兵の訓練は英国、オランダ、デンマーク、スウェーデン、米国で行った。士官を少年時から訓練する必要を感じたアダルベルト公は帆船アマゾンを訓練船としたものの、士官生徒の募集に難渋した。プロイセン支配層のユンカー（土地所有貴族）は海軍に価値を認めず、自らの子弟を海軍に入れたがらなかったからだ。不運なことに訓練船アマゾンは1861年にオランダ沖で遭難し、翌年の応募者はわずか3人だった。

　1870年の普仏戦争（プロイセン・フランス戦争、プロイセン陸軍の参謀総長はモルトケ）の陸軍による圧倒的勝利は、海軍を見る目をさらに低くした。普仏戦争時、フランス海軍は英海軍に次いで世界2位であった。フランス艦隊は簡単にバルト海、北海沿岸ドイツ港を海上封鎖し、40隻のドイツ商船を捕獲した。ドイツの装甲艦は圧倒的に優勢なフランス海軍と戦おうとせず、港に錨を下したままだった。エルベ川のハンブルグ、ウエザー川のブレーメンをフランス艦隊が攻撃しない限り戦うなと命令されていたのである。にもかかわらず、フランスはプロイセンに惨敗した。プロイセン海軍は何の働きも出来ず、関係者には勲章はなかった。

ビスマルクは海軍に関心がなかった。プロイセン王ウイルヘルム１世が陸軍１個大隊創設のため、プロイセン王国が所有する最後の艦を売却したのを評価したほどだ。アダルベルト公は1872年に退役。その後、16年間海軍部を指揮したのは陸軍の将軍たちだった。

　アダルベルト公の後を継いで海軍司令官になったのはアルブレヒト・フォン・ストッシ将軍で、ポツダム近衛連隊のやり方に従って陸軍のように海軍を管理した。ストッシ将軍は、ドイツ海軍の任務を沿岸防衛にありとし、その11年間の任務期間中、仮想敵である仏露がドイツ海岸に上陸するのを阻止する訓練を重ね、ビスマルク首相や帝国議会に10年計画で８隻の艦を作る案を提出した。予算は普仏戦争の賠償金を使うので容易に捻出できた。

　1883年、ストッシ将軍の後を継いだゲオルグ・フォン・カプリビ将軍（後の首相）は、「ドイツの仮想敵はフランスとロシアだ、全ての兵と全ての金を陸上戦争のために投入せよ」との考えの持ち主で、海軍関係では、海岸に近付く敵艦や輸送船に水雷攻撃を加える、小型で安価な水雷艇（80～90トン）戦術を主唱した。

2．ウイルヘルム2世と海軍

（1）英国に負けない大海軍への野望

　ドイツ帝国初代皇帝ウイルヘルム1世は1888年、91歳で死去。皇帝を継いだフリードリヒ3世も即位わずか3ヵ月後に咽頭がんで亡くなったため、1888年6月、29歳のウイルヘルム2世が即位した。

　1890年3月、19年間（プロイセン王国首相期間を合わせると28年間）ドイツ帝国首相としてウイルヘルム1世を支えた股肱の老臣ビスマルクを、若い皇帝は煙たがって解任した。

　ビスマルクの後任首相には、陸軍の将軍で海相も経験したカプリビが就いた。この時代に、エルベ川河口の先にある英領の要衝ヘルゴランド島を独領東アフリカのサンジバルと交換して、北海進出を容易にした。1892年、黒白赤の三色旗が正式に帝国国旗となった。1892年にカプリビが退任し、プロイセン首相のオイレンブルグが後任となった。さらに1894年、オイレンブルグからホーエンローエと首相が交代した。

　1897年、外相にビューロー、海相にティルピッツ（1849～1930、海相在職期間1897～1916）が就任した。1898年、ビューローは帝国議会最初の演説で「ドイツが他国に大地と海洋を委ねる時代は終った。我々もまた、陽のあたる場所を要求する」と叫んだ。ドイツ版帝国主義を意味する「世界政策（Weltpolitik）」の宣言であった。この世界政策の具体化は、まずティルピッツ海相指揮で推進された海軍大拡張計画、艦隊建設として現れた。

　1900年10月、ホーエンローエに代って、ビューローが首相になった。それまでのドイツ海軍はフランスを仮想敵国とした沿岸用の小規模の艦隊しか持っていなかった。これを一挙に英国を想定した外洋向けの大艦隊にしようとしたのがウイルヘルム2世とティルピッツ海相である。

　世論と帝国議会の支持を得るため、海軍は多面的での広報活動を展開した。「ドイツ艦隊協会」もその

ウイルヘルム2世　　ティルピッツ

一環で、会員が30万人を超える最大の大衆広報団体となった。また、「植民地協会」「全ドイツ連盟」など、ドイツの海軍力増大を支持する団体の創設にもティルピッツは力を注いだ。これら団体の会員は、知識人、教師などの市民階層出身者や国家官僚や自治体行政官も多く、彼らは地域のオピニオンリーダーだった。これらの団体は宣伝活動機関であると同時に帝国議会への圧力団体でもあった。プロイセンの地主貴族であるユンカーや伝統的な農業団体は海軍予算増大には消極的であり、工場労働者を支持基盤とする社会主義政党も軍事予算増大には反対していた。

　1909年7月、ビューロー首相が辞職し、内相のベートマンが首相になった。1898年の米西戦争後、戦費に苦しんだスペインからドイツはマリアナ、カロリン諸島を買収し、マーシャル諸島の領有を宣言した。この3諸島は第一次大戦（1914〜1918）でドイツが敗れたため、日本の国際連盟委任統治領となり、太平洋戦争では激戦地となった。また、3諸島以外の太平洋のサモア諸島の一部も手に入れた。1898年に第1次海軍法、1900年に第2次海軍法が帝国議会を通過した後も、英海軍にドレッドノートの全巨砲艦が出現すると、1906年、1908年に補正海軍法を成立させた。

　この時代のドイツの特色は工業の急速な発展であった。ドイツの工業化は次の3段階で表される。
　　第1期：工業化の準備段階。1780〜1835年
　　第2期：第1次工業化の時代。1835〜1873年
　　第3期：第2次工業化の時代。1873〜1914年。
　第1次産業（農林漁業）従事人口と第2次産業（鉱工業）従事人口の比率が逆転したのは1900年頃である。1850年から1870年までの20年間にドイツ連邦の鉄道総延長は3倍強に増え、今まで英国に頼ってきたレールや蒸気機関車の大部分は自前の生産が出来るようになった。また、この20年間で粗鋼生産は6倍、鉄鋼と石炭の生産は5倍となった。
　明治維新後の日本陸軍はフランスを模範としていたが、1870年（明治3年）の普仏戦争で圧倒的勝利を得たプロイセンに注目し、陸軍はプロイセンを学ぶようになっていく。
　明治維新直後の指導者岩倉具視、大久保利通、木戸孝允、伊藤博文らは先進国米欧の実情を自分達の目で確かめようと、岩倉使節団を派遣した。

この使節団の見聞は、団員の一人久米邦武による『米欧回覧実記』（久米邦武編、田中彰校注、岩波書店、1985年）として残っている。使節団は1873年（明治6年）3月9日にベルリンに到着。3月11日にはウイルヘルム1世に謁見。3月15日にはビスマルクの招宴に臨んだ。

『米欧回覧実記』には、プロイセンを讃える次のような記述がある。

　　「其の能く縄墨を守りて勉励する性より出て武技を鍛錬し、兵に節度あり。能く難に耐へ、戦に勇壮に、勝敗に色を変へるなく、以て威力を伸へて、今欧州に勇名を轟かせり」

　　「教育は欧州中にて最上等に位す」

　　「軍用の器械は近年、世界に高名なる『クロップ』氏が『エッセン』府に製する大小砲は、其鋭利なること他国みな逡巡す」

使節は、「此辺に一週をとどめて回覧をなさば、普国製造の盛んなるを実検し、益を得ること多かるべし」とクロップ工場を見学することとした。使節はクロップの客館に宿し、書記官などは市中のホテルに宿した。回覧実記は次のように書く。

　　「アルフレッド・クロップ氏、因て銃砲製造の業を創め、此に大製鉄場を起し、近十年来頻りに盛大を致して世界無双の大作場となれり。英国に製鉄の業盛んなりと雖も、之に及ぶ大作場なし。（略）職工の居三千軒に及ぶ。皆、クロップ氏の建てたる家なり（略）当場を創起せしことは一八四八年以来なり。今は四百町の区域を占め、一場にては砲を鋳造し、又一場にては小銃を製すとなり。両場は総て職人をいるる、日に二万人の内に、此場にて一万二千人をいるる。凡製作場に万人以上の傭夫を役するには、是を衛する邏卒（守衛）なかるべからず。此場にては主に大砲、砲車、砲床、砲丸及び鉄軌を製す。別一場にては銃及び剣を製するとなり」

　　「クロップ氏、四十年前までは家に蓄財なし。鉄冶を業とし、六人の職人をいれ、銃器を鍛鋳し、自ら是を沽売し、時にては英国に赴き、生理をなせること数十年なりしが其間に種々の工夫経験を極め、遂に自力を以て其場を設け、二十五年間に此盛に至れり」

使節団はジーメンス工場も見学した。

　　「ジーメンス氏社の電気機器製造業見学。職人を入るる、日に八百人なり」

使節団はビスマルクからも招宴された。ビスマルクは次のように、ドイツを取り巻く厳しい列強間の国際関係を宴席で語った。

　　「方今世界の各国みな親睦礼儀を以て相交ると雖も、是全く表面の名義にて、其陰私に於ては強弱相凌ぎ、大小相侮るの情形なり。かの所謂公法は列国の権利を保全する典常とは言へども、大国の利を争ふや己に利あれば公法を執へて動かさず、若し不利なれば翻すに兵威を以てす。固り、常守あるなし」

　ドイツ帝国は創設から20年間で、人口は800万人増加し、さらにその後の20年間で1,600万人増え、第一次大戦直前の1914年には6,700万人の人口となった。当時、ドイツは国力を急伸展させていた時期で、都市人口の増大が目立った。工場労働者は1890年の1,400万人から1898年には2,100万人となり、石炭生産はこの期間に7倍に増えた。鉄鋼生産高はそれ以上の増加で、1900年には英国を抜いて、米国に次ぐ世界第2の工業生産国になった。食糧と原料の輸入を中心とする貿易量も増大し、それにつれて商船隊も拡大し、1880年にはスペインよりも下であった商船隊も、30年後の1910年には英国に次ぐ世界第2位となった。

　余談だが、森鷗外がドイツに留学したのは1884年からウイルヘルム2世が即位した1888年までの4年間で、ドイツの興隆期である。この異国の地で青春を謳歌した鷗外は、帰国後、付き合っていた15歳のドイツ少女が鷗外を追って来日し森家の人々を困惑させている。

　1898年の帝国議会では、397議席中、社会主義政党の議席が56議席となった。第1党はカトリック系「中央党」の100議席である。中央党は1870年12月の結成。ドイツ帝国の成立にあたっては、オーストリア（王家はハプスブルグ家）が排除され、プロテスタントが支配的なプロイセン（王家はホーエンツオルレン家）が中心となった。このため、南ドイツ（バイエルンなど）に多いカトリックの利益を守るために結成されたのが「中央党」であった。後述するが、ティルピッツ海相は、海軍予算を審議する帝国議会で有力な中央党の懐柔に苦心した。この党の賛否によって海軍予算の運命が決まったのだ。中央党が結成されて5年後の1875年にドイツ社会主義労働党が結成され、1890年にドイツ社会民主党と改称された。工場労働者を支持基盤とするドイツ社会民主党は、一貫して海軍予算増大に反対であっ

た。

　29歳の若い皇帝ウイルヘルム2世の関心は、英海軍に負けぬ戦艦で、水雷艇には関心がない。カプリビ将軍が海相任期の5年間に大艦を1隻も造らなかったことに不満だったウイルヘルム2世は、即位から3週間後にカプリビ将軍を更迭し、後任海相に海軍士官のアレクサンデル・フォン・モンツを指名した。モンツ提督就任の6ヵ月後に帝国議会は1万トン級戦艦4隻の予算を認めた。ウイルヘルム2世が所有する最初の大型艦となった。

（2）ウイルヘルム2世とはどんな人物か

　19世紀末から20世紀初めにかけてのドイツ海軍の急成長には、皇帝ウイルヘルム2世の野心が大きく関係していた。

　ウイルヘルム2世は、1859年1月、父フリードリヒ3世、母マリーの長子としてベルリンで生れた。祖父ウイルヘルム1世は、1861年にプロイセン王に即位し、首相にビスマルク、参謀総長にモルトケを登用して、1864年にはデンマークと戦い、シュレスビヒ・ホルシュタインを獲得した。1866年にはオーストリア、1870年にはフランスと戦い圧倒的勝利を収めてプロイセンの地位を確固たるものとした。父フリードリヒ3世が英国ビクトリア女王の長女マリーを知ったのは20歳の時だった。この時、母マリーは10歳。4年後に婚約し、父27歳、母17歳で結婚した。式はロンドンで行われた。この結婚式で、メンデルスゾーンの結婚行進曲が初めて演奏された。

　結婚から1年後、18歳の母はウイルヘルム2世を産んだ。英国ビクトリア女王（当時39歳）の最初の孫だった。難産で産児の摘出に外科用のピンセットを使用したため、生れた子の左腕にダメージを与えてしまった。左腕は曲ったままで短い奇形となり、少年の頃から左の小さな手はいつも手袋をつけポケットに入れていた。上着の袖は右より短かかった。ナイフとフォークをうまく使うことができず、給仕が細かく切ってテーブルに置いた。バランスが取れないので、早く走ることもできず、木にも登れない。しかし、体操、水泳、ヨット、銃射撃に励み、8歳からハンディキャップのある身体で乗馬の練習を始めた。

英国ビクトリア女王

身体の劣等感が、ウイルヘルム2世の精神形成に影響を与えたことは大きかった。15歳でカッセルにあるギムナジウムに学び、18歳でボン大学で法学と政治学を学んだ。ドイツの大学の名物はビールと学生間の決闘だったが、ビールを飲んで騒ぐことも、もちろん決闘も許されなかった。週末は叔母（ビクトリア女王の第2女）の所で家族同様に過ごした。叔母の娘エリザベス（14歳）に関心を示したりもしたが、彼女は後に、ロシアのセルゲイ大公の妃となった。

　大学を卒業すると、祖父ウイルヘルム1世の命でポツダム歩兵第1連隊に少尉として赴任。1881年2月、22歳のウイルヘルム2世は、対デンマーク戦争でプロイセンが獲得したシュレスビヒ・ホルシュタイン王国の23歳の王女オーグスタ・ビクトリアと結婚した。

　ウイルヘルム2世の父フリードリヒ3世は長身、温和で知性的な妻の意見をよく聞いたが、ウイルヘルム2世は何事にも人の好い父を従わせようとする気の強い英国人の母を嫌った。対照的にウイルヘルム2世の妻オーグスタは、政治に関心がなく、本や新聞も読まなかった。関心があるのはドイツで言う3K（ドライ・カー）の「育児、教会、台所」（Kinder, Kirche, Küche）だった。

　ウイルヘルム2世の妹は、バッテンベルグ王アレキサンダーと結婚を望んだが、バッテンベルグがあまりに小さな国だったため許されなかった。バッテンベルグ王国も英王室と関連があった。第一次大戦時の英海軍軍令部長バッテンベルグはビクトリア女王の娘を妻としていたが、第一次大戦中の英国では、反独気風が漲っていたため、名前を英国風にマウントバッテンと改名した。その長男マウントバッテンは第二次大戦中の英アジア軍の司令官で、ウイルヘルム2世と同じくビクトリア女王の孫である。

　ウイルヘルム2世は小柄で、近くに仕える人によれば、その碧眼は落ちつきがなかった。薄茶色のカールした頭髪に、いわゆるカイゼル髭。床屋が毎朝ワックスで髭をピンと跳ね上げる。哄笑することが多く、頭を仰向けにするほど後ろに傾け、口を大きく開いて、身体全体を揺すって笑った。独特の髭や哄笑は、身体的欠陥からくる劣等感の裏返しであった。祖父に長らく仕えた股肱の老臣で、ドイツ興隆の基礎を築いたビスマルクを更迭したのも同じ心理的背景があった。

　ちなみに、小説家三島由紀夫も小柄で貧弱な身体をしていた。これが三

島をしてボディビルや剣道に乗り込ませたのだという人もいる。三島の哄笑、豪傑笑いは有名だった。

　祖母ビクトリア女王や母が英国人だったこともあり、英語には堪能だったウイルヘルム2世は、ドイツで初めて皇帝らしい皇帝だったといえる。祖父のウイルヘルム1世はドイツ皇帝よりもプロイセン王として振舞うのを望み、父フリードリヒ3世はわずか3か月の皇帝だった。

（3）海軍好きの皇帝

　ウイルヘルム2世は子供のころから海軍好きだった。回想録で、次のように書いている。

　「子供の頃から海軍に特別の関心を持っていた。私の中の英国人の血（母は英ビクトリア女王の長女）によるものが少なくないと思う。船や海への関心は少年時代、しばしばビクトリア女王のワイト島にある別荘オスボーンを訪れた時から始まった。私の最初の記憶はオスボーンだった。ここは海に近かった。別荘のある丘の下にはカウーズの漁村があり、王室のヨットが繋がれていた。5マイル先には英海軍のポーツマス軍港がある。私はよくポーツマスへ行き、全ての種類の軍艦を見るとともに、ドックや造船所を見た。ネルソンの旗艦『ビクトリー』にも乗った。10歳の時、ここにドイツ最初の戦艦『ケーニッヒ・ウイルヘルム』がやって来たのを見た。船での旅は私にとって全く新しい世界だった。アドミラルのキャビンに行くと、お茶や贅沢なケーキがある。13歳の時には、コンパスによって操舵するのや、信号旗を上げるのを習った。機関室に入ってピストンが動くのを見るのが楽しかった。14歳になると、ステッチンのバルカン造船所で、ドイツで初めて建造された装甲艦『プロイセン』が進水するのを見た。19歳の時、英海軍の最強艦『インビンシブル』が処女航海に出るのを見た。艦長はジョン・A・フィッシャーだった。

　20歳の時には、英海軍の装甲艦8隻がキールを親善訪問し、祖父ウイルヘルム1世と共に歓迎会に参列した。1904年6月、皇帝となっていた私（ウイルヘルム2世）は、英王エドワード7世がキールを訪れるようお膳立てした。キールにはドイツ海軍の全ての艦種が停泊していた。この時、英王をドイツ皇帝のヨット「ホーエンツオルレン」号に

招いて歓迎夕食会を開き、次のようなスピーチをした。『子供のころ、しばしばポーツマスとプリマスに行き、この二つの軍港に停泊している軍艦を賞賛したものだ。この時、私は思った。いつの日にか、自分の艦を建造し、英国と同じような艦隊を持ちたい』と」

　以上のように、ウイルヘルム2世は子供の頃から祖母の夏の別荘近くにある英国の軍港をよく訪れていた海軍好きの少年だった。これは自分の身体に流れる英国人のせいだろうといったが、さらに海軍好きを増幅したのが、29歳で皇帝に即位してから2年後の1890年に出版された米海軍の海軍戦略家アルフレッド・T・マハン大佐の『海上権力史論』だった。皇帝は友人に次のような書信を送っている。

　　「私は今、むさぼるようにマハン大佐の本（『海上権力史論』）を読み、心から学ぼうとしている。この本はドイツ艦の全てに備えられており、艦長や士官は常にこの本を引用している」

　皇帝は直ちにドイツ語への翻訳を命じ、全ての軍艦、全ての公共図書館に備えるよう命じた。マハンは海上列強の興亡を調べ、海を制した国が自己の運命を制し、海上権力を失った国は衰亡するか、二流国に甘んずべく運命づけられる、とした。また、第一級の強国は海上権力が必要とされる、ともマハン大佐は言う。このような考えに影響されたウイルヘルム2世は「ドイツの将来は海上にあり」と叫ぶようになった。米海軍欧州派遣艦隊旗艦「シカゴ」艦長として、マハンが英国

マハン

に渡った時には、ウイルヘルム2世はマハンを「ホーエンツオルレン」号に招いて昼食会を開いている。

　ドイツ海軍を英海軍と並ぶ世界有数の海軍にするのが夢だったこのドイツ皇帝は、壮大な海軍兵学校を建設しようとした。ユトランド半島の付け根東側にあるフレンスブルグ港近くの水路を望む高台に、生徒たちが「赤い城」と呼ぶようになった壮麗な赤レンガの建物を1910年に建設

海軍兵学校

した。この中央館の内部には海戦の絵や記念品が飾られ、あたかも美術館、博物館のようであった。江田島の海軍兵学校の教育参考館のようなものである。

（4）海軍組織を3組織鼎立に再編

　1889年、モンツ提督が急死。ウイルヘルム2世は海軍を、海軍総司令部（OK; Oberkommando der Marine）と、海軍省（RMA; Reichsmarineamt）の2つに分離した。海軍総司令部は皇帝に直属し、海軍省は首相の下であった。海軍総司令部は海軍戦略樹立と艦隊指揮を任務とし、総司令官にはエドアルト・フォン・クノールを任命した。海軍省は艦の建造と帝国議会との予算折衝を任務とし、海相にはフリードリヒ・フォン・ホールマンを指名した。

　海軍省は、海軍総司令部の意見を聞かずに艦種を決めることができたのだが、新たに皇帝直属の海軍補佐官たる海軍官房（MK; Marinekabinett、海軍人事を職掌する）が設けられ、グスタフ・フォン・センデンが任命された。センデンはサクソン州貴族の出身で、1862年に14歳で海軍に入った。生涯独身で通し、英国嫌いで知られた人物である。

　1890年代、海軍総司令部と海軍省が対立していた時代、事実上の調停者がセンデンであった。このような、海軍の三組織鼎立はプロシア陸軍の組織を参考にしたものだった。プロシア陸軍は参謀本部、陸軍省、陸軍官房の鼎立で、参謀本部と陸軍官房は皇帝直属で、特に参謀本部の発言力が大きかった。以降、第一次大戦終結まで、ドイツ海軍はこの三者鼎立で指揮・運営された。

　ウイルヘルム2世の野望は、世界に冠たる海軍を持つことであり、またキールやウイルヘルムスハーフェンで錨を下しているだけの戦艦ではなく、植民地と独商船を守るための巡洋艦を持つことだった。

　海相ホールマンの戦略はドイツ本土の沿岸防衛と敵の通商破壊であり、海軍官房のセンデンはマハン理論の信奉者にして戦艦論者で、「戦艦を海軍の核としなければならない。巡洋艦は戦艦にやられる」との考えを持っている。海軍総司令部のクノールは困惑した。艦種を決めるのは自分でなく、海相のホールマンなのだ。

　エルベ川河口から比較的近い、北海の英領エルゴランド島はドイツ沿岸

の喉元にある要衝であった。1890年、ドイツ領のアフリカ・ザンジバルを英国に譲る代りにエルゴランド島は英国からドイツに譲られた。これがドイツの北海進出の第一歩でもあった。

　1890年3月、皇帝は、祖父ウイルヘルム1世の功臣ビスマルクを煙たがって更迭し、前海相のフォン・カプリビ伯爵を後任首相に任命した。

　1890年4月、ホールマン海相の建艦予算案は議会で難渋し通過しなかった。議会の主要政党は、カトリックと南ドイツを基盤とする中央党、社会主義政党の社会民主党、保守派の進歩党であった。これらの党は建艦に消極的で、巨費を要する大型艦は皇帝の玩具くらいにしか思っていなかった。1893年の選挙で中央党は議席を100議席から96議席に減らしたが、従来通りの議席数最大の第1党の座を守っている。

3．ティルピッツと海軍

　ここでウイルヘルム2世と共にドイツ海軍の発展に大きく貢献したティルピッツの人となりについて触れておきたい。

（1）ティルピッツ家の人々

　アルフレート・ティルピッツは1849年3月19日、プロイセン王国ブランデンブルグ州キュストリンで生れた。父ルドルフ、母マリーネ。父は法律家、母はフランス革命時にドイツに逃れてきた裕福なフランス家系の生れである。長兄オルガ、次兄マックス、弟ポールとの4人兄弟だった。マックスは陸軍将校となり、普仏戦争にも従軍した。

　家は、将校、法律家、役人、教授などが出入りする中流家庭で、名字に「フォン」が付く貴族の家柄ではない。後に、海相として第2次海軍法（1900年、ティルピッツ51歳）を成立させた功績により、ウイルヘルム2世より、世襲貴族が使用する「フォン」使用を許された。

　高曽祖父クリスチャンはトランペッター、曽祖父もキュストリン連隊（プロイセン軍）のトランペッター（ラッパ手）だった。祖父はゾンネンブルグからフランクフルトへ移り、ここで法律家（公証人）として生計を立てた。祖母はゾンネンブルグの役人の娘である。

　父はベルリンのギムナジウム（ラテン語、ギリシャ語の古典語を中心とする進学高校）で学んだ。級友にドイツ帝国初代首相となったビスマルクがいた。ギムナジウムの後、ハイデルベルグ大学に学ぶ。

　公証人の仕事をしていた父は、後にベルリン控訴院の判事となった。母方の曽祖父は、ケーニッヒスベルグのギムナジウム時代に、高名な哲学者となるカントと一緒に学び、後に医学校教授となった。また、母方の祖父はフランクフルトで高名な外科医だった。

　父は29歳まで、冬でも窓を開けたまま、固いベッドで眠り、毎朝冷水浴をした。哲学者カント、フィヒテ、近代プロイセン陸軍創設者シャルンホルスト、グナイゼナウを尊敬していた父の価値観、習慣、スパルタ式生活は、ティルピッツに大きな影響を与えた。

（２）熱望して入ったわけではなかった海軍

　ティルピッツは母の血をひいたのか、繊細・小心なところがあり、海相になってからも、鬱症（うつ）や不眠症に悩み、議会でさんざんやり込められた時には海軍省に帰り、大臣室で涙を流すことすらあった。初級士官時代の甲板から海に飛び込む訓練では、恐怖でなかなか飛び込めなかった。後に「行為の勇気のない者は、自分で勇気を創り上げねばならぬ」と言った。

　1865年元旦、「学友のクルト・フォン・マルツアーンが海軍に入ると言っている、自分も海軍に入りたい」と父に言った。クルトの父はティルピッツの父の法律仲間だった。ティルピッツのギムナジウムの成績は中以下で、この成績では大学に行くのは無理だったようだ。「勉強が嫌いで、学校の勉強から逃れたかった」とティルピッツは後に回想している。両親は困惑した。プロイセンでは、陸軍の名声は赫々たるものがあるが、海軍は無きに等しかったからだ。

　４年前の1861年11月、訓練船アマゾンがオランダ沖で沈み、19人の訓練生が死んだ事故があったため、翌1862年は訓練生の応募はわずか３人、63年、64年も応募は同じ程度だった。海軍省としては、1865年にはもっと多数の16歳の少年を採用したかった。訓練生には、健康状況のほか学校成績、資産家ないし社会的地位にある家の子弟かどうかの証明が求められた。

　陸軍将校にはユンカーと称される地主貴族出身者が多かったが、貴族で海軍に入る者は少ないので、資産家とか社会的地位のある家庭から訓練生を採用しようとしたのだ。これが海洋・海軍国英国と大陸・陸軍国プロイセンの相違であった。英国では、海軍将校になる者のほとんどは貴族かゼントルマン（資産家）の子弟であった。

　入学試験に備えるため家庭教師をつけてもらい、勉強して1865年4月に受験。合格者24人のうちの15番の成績で合格した。「中の下」である。この成績は生涯ティルピッツにつきまとうことになる。海軍には熱望して入ったのではなかった。海軍に入ったら両親から逃れられると思ったからだ。

　1865年4月24日、海軍訓練生に任官。5月15日、キール軍港に停泊中の訓練船ニオベ（艦長バッシ中佐）に同期生６人と共に乗り込んだ。プロイセン・デンマーク戦争により、シュレスビヒ州とホルシュタイン州がデンマークからプロイセンに割譲された直後であった。バルト海が練習航海の場となった。給与は僅かで、家からの仕送りに頼った。つまり、仕送りして

もらえる家の子弟しか海軍生徒に採用されなかったのである。もう1隻の練習船ローベルと共に、キール運河を通過して北海に出、英国の軍港プリマスに向かった。

（3）海軍練習船で訓練航海

　当時のドイツ海軍はバルト海、北海のプロイセン沿岸警備隊以上のものではなかった。

　1850年から65年頃のプロイセンの問題点は、①海上交易品の積込み、荷揚げ港や造船施設の貧弱さ、②海軍将校団の弱小、だった。①の造船施設は1880年代まで甚だ劣弱で、艦船は英、仏、蘭から購入せざるを得なかった。②は1850年代から充実計画が始まった。ダンチッヒの航海学校が少数の将校を育てていたが、海軍兵学校が1853年にスッテッチンに創設され、これはベルリンから更にキールに移った。兵学校は4年制で、練習船アマゾンの船内で訓練が行われた。生徒は貴族、陸軍士官、官吏、資産家の子弟である。毎年40人が入校したが、卒業できるのは僅かだった。

　アマゾンは前述したように1861年に沈没している。ティルピッツが乗り込んだ練習船では、練習生は船乗りの技量を身体で覚えていった。練習船内で起居し、ここで座学を受け、各地を航海しつつ海の男に育てるのは経験主義を基本とする英海軍のやりかたである。大陸国の歴史は十分でも、海軍歴史の浅いドイツは専ら英海軍をお手本とし、士官養成も英海軍方式を採用したのである。ちなみに、フランスは大陸合理主義を基本とする国で、英国式と異なり、陸上施設で数学、天文学、外国語を教えて海軍士官の養成を行った。

　ドイツはデンマークから良港キールを奪い、バルト海海域の基地とすると共に、北海に注ぐヤーデ川河口のウイルヘルムスハーフェンまでの鉄道が敷設され、造船所の建設が始まった。30年後には、バルト海と北海を結ぶ近代的キール運河も完成する。

　キールからプリマスを経由した練習船は大西洋に出て、スペイン、ポルトガルを巡航し、キールに帰港したのは1866年5月5日。船には1864年組とティルピッツの1865年組の37人が乗組んでおり、キール帰港後に任官試験があり、幸いにも合格した。

　ティルピッツはウイルヘルム2世と同様、英海軍をたたえ尊敬していた。

1864年から1970年頃まで、ドイツは港湾施設や造船施設が甚だ貧弱だったから、ドイツ海軍の実質的な修繕や必要物資の補給基地はポーツマスだった。ティルピッツの初級士官当時、ネルソンのビクトリー号が係留されていたポーツマスはキール軍港よりずっと居心地がよかった。ポーツマスのホテルでは英海軍士官と同様に扱われた。ティルピッツは後に次のように回想している。

> 「我々独海軍士官は英海軍を賞賛の目で見ていたものだ。我々独海軍士官は英海軍の中で育った。エンジンが故障なく動き、ロープや鎖が切れなければ、それはドイツ製ではなく、英国製だった。当時は、ドイツ製砲が英国製砲と同じとは考えられなかった」

当時、ロープ、錨用の鎖、エンジンなどは皆英国製で、大砲も独製は英国製と比べ劣っていた。艦も、エンジンも、砲も英国からの輸入である。ドイツには貧弱な造船所しかないので艦の修理はプリマスの英海軍のドックで行い、燃料の石炭も英国から輸入していたのだ。

ティルピッツは英国式教育と英語を尊敬した。英語を流暢に話し、英新聞、英小説を読み、後には二人の娘をシャッテンハム女子大に入れた。

大尉時代に、父から送られてきたラインハルト・ヴェルネル大佐が書いた小冊子はその後のティルピッツに影響を大きな与えた。その内容は、①ドイツに海軍は必要か？　②どのような種類の艦をドイツは持つべきか？　③どこで、その艦を建造すべきか？　というもので、当時のドイツ海軍の問題点をあげていた。ヴェルネル大佐は次のように答えていた。

①と②に関して。強力な戦闘艦隊こそがドイツ沿岸の海上封鎖を打ち破れる。そのためには、戦艦が不可欠。③に関して。当時のドイツは装甲艦を造れる造船所はなかった。ドイツの鉄鋼業は興りつつあったが、近い将来まで外国に造ってもらう以外になかった。ヴェルネル大佐はさらに、④北海とバルト海を結ぶ運河が不可欠、⑤エルベ川（下流にハンブルグがある）河口近くにあるヘルゴランド島を英国から獲得する必要があると指摘していた。

1875年11月、少佐に進級した。軍歴が２年長い兄のマックスは未だ陸軍中尉で、海軍のほうが進級がずっと早かった。

（4）結婚と子供達

　1884年11月、34歳のティルピッツ中佐は23歳のマリー・リプケとベルリンで結婚した。キールに家を購入して住んだが、これはマリーの父の援助によるものだった。

　海軍士官としての体面を保つための出費は多く、大尉以下では結婚は難しく、庶民を妻にすることは難しかった。とはいっても資産家の娘もそう簡単には見つからない。なかには裕福なユダヤ人の娘を妻にする者もいた。

　マリーは1860年に西プロイセンで生れた。母はスイス・バーデン地方の資産家の娘。父はユダヤ系銀行家の家系ではあるが、18歳の時プロテスタントに改宗しており、ベルリン大学に学び法律家となり、プロイセン議会、ドイツ帝国議会に勤めていた。

　マリーの父のグスタフ家がユダヤ系であることは極秘にされていたが、ティルピッツがこれを知っていたかどうか、不明だ。二人の間にはイルゼ（1885年）、ウォルフガング（1887年）、モルゴート（1888年）、マックス（1893年）の4人の子供が生れた。

　ティルピッツが海相になるのは1897年であるが、その前後に身内が次々と亡くなった。母マリーネは1890年（75歳）、父ルドルフは1905年（94歳）、兄マックスは1892年に落馬事故で死んだ。岳父リプケは1889年に亡くなりマリーは莫大な遺産を相続した。この遺産でセント・ブラジーエンに別荘を購入し、海相となて後、週末はベルリンの激務から離れてこの別荘で過ごすことが多かった。ベルリンとは電報、1910年からは電話で連絡した。岳父の遺産の一つであったサルジニア島の広大な土地の別荘も継承し、イタリアのリヴィエラやスイスのチューリッヒにも別荘を購入した。娘イルゼとモルゴートは、マリーの母校である英国のシャッテンハム女子大で学ばせた。息子のウォルフガングは海軍士官となり、第一次大戦では軽巡洋艦マインツに乗組み、開戦直後の1914年8月、ヘルゴーランド島沖で英艦に沈められた。ティルピッツは息子の戦死を覚悟したが、英海相チャーチルより中立国米国大使館を通じて、ウォルフガングが無事であることを知らされた。ウォルフガングは終戦まで捕虜収容所で暮した。

（5）魚雷開発と水雷艇戦術を研究

　ティルピッツのキャリアで特筆すべきは、新兵器の魚雷開発と水雷艇戦

術に関わったことだ。1877年、英国ヒュームにあるホワイトヘッド魚雷セ
ンターに派遣され、これが魚雷開発に関る第一歩となった。海軍に関して
は、全ての点で英国が進んでいたのだ。

　その後11年間に亘って、魚雷と水雷艇開発、そしてその戦術研究に携わ
った。1879年には、ウイルヘルム２世と皇太子が魚雷開発部門を訪れ、ティ
ルピッツは魚雷デモンストレーションを行った。後に、「魚雷が目標に
到達できるか、飛び跳ねてそれてしまうか、博打みたいなものだった」と
回想しているが、魚雷の開発、試験をやりながら、魚雷を主武器とする水
雷艇の開発を行い、水雷艇戦術も研究した。

　これが、海相カプリビに知られる糸口となった。カプリビはティルピッ
ツの遠縁にあたった。水雷艇の戦い方が分らないと言うティルピッツに、
陸軍将軍だったカプリビは戦術の研究を命じた。カプリビの海軍戦略は、
ドイツの地理的不利による伝統的な海軍軽視の歴史のせいか、沿岸防衛と
いう消極的なものだった。若いティルピッツは積極的に水雷艇を活用すべ
し、と考えた。ドイツの仮想敵はフランスだ。戦争となれば、水雷艇戦隊
をフランスのシェルブール軍港に進ませ、フランス軍艦を攻撃することを
考えた。

　1887年、カプリビの後任海相にモンツが就任した。陸軍将軍だったカプ
リビと違い、モンツは巡洋艦「プロイセン」や「ビュルテンベルグ」の艦
長歴のある海軍提督だった。

（６）バルト海海軍基地参謀長として３つの論文を書く

　魚雷開発と水雷艇戦術研究勤務の後は、巡洋艦「ビュルテンベルグ」
（7,800トン、14ノット）艦長となり、皇帝のヨット「ホーエンツオルレ
ン」を護衛してコペンハーゲンとオスロへ巡航した。

　1890年9月27日、バルト海海軍基地参謀長となる。基地司令官はクノー
ル中将。この年の3月、ウイルヘルム２世は祖父ウイルヘルム１世の功臣
ビスマルク首相を更迭していた。クノール中将は長身、碧眼、金色の髭。
気性の激しい、思い切ったことを発言する提督である。ティルピッツは海
軍基地参謀長として国家規模の利害関係を見なければならい立場となった。

　この参謀長時代に、３つの論文を書いている。

　①「強力な権限を持つ海軍総司令部を持続させるための理由」1891年2月。

　海軍は海軍総司令部、海軍省、海軍官房に鼎立されているが、今後の海軍発展の主役を担うのは海軍総司令部か海軍省か。海軍省は議会シビリアンからの影響が大きすぎるので、海軍総司令部の力を強めるべきである。海軍政策は一貫性と持続性が不可欠。このためには、内閣が代るごとに海相を変えてはならない。

　②「陸海軍のさらなる発展」1891年4月。

　ドイツは小型艦による沿岸防衛と沿岸要塞に頼っている。しかし、大規模な欧州戦争が勃発したら、どう対処すべきか。クラウゼヴィッツの『戦争論』から、「戦争とは政治の継続」、「戦場への全兵力の集中の必要」を引用して、決戦にどう対処すべきかを論ずると共に、1892年秋の艦隊演習にも考慮し、訓練、予備員の準備、艦船とマンパワー運用の準備を論じた。

　③「我が装甲艦艦隊の新しい組織について」1891年4月。

　艦隊所属のA艦は乗組員を完全充足させ、B艦は乗員なしで港に繋ぐ。戦争になれば、A艦乗員の半分をB艦に移す。A、B両艦の乗組員の半数は予備員と新規募集員で充足させる。ここには前年、1890年に出版されたマハン『海上権力史論』の影響は見られない。

（7）海軍総司令部参謀長として「戦艦艦隊」を提唱

　バルト海軍基地参謀長時代の1890年、ウイルヘルム2世がキールを訪問した。当時90歳のモルトケ元参謀総長はじめ多くの将軍、提督が出席する歓迎会がキール城で開かれた。

　皇帝は出席者に、ドイツの海軍発展策を述べよと命じたが、大佐になったばかりのティルピッツは発言を控えた。出席者が述べる方策を聞いた皇帝は「いずれも消極的だ」と不満の様子だった。皇帝直属の海軍官房のセンデンから発言を促されたティルピッツは、「ドイツも戦艦を保有すべき」と意見を述べた。

　この発言に満足し、また3つのティルピッツ論文を読んだ皇帝は、センデンに命じて、9ヵ月後にティルピッツを海軍総司令部（OK）の参謀長に任命させた。総司令官はマックス・フォン・デル・ゴルツ大将である。

　海軍総司令部の参謀長に就任すると、皇帝から直々に「（沿岸艦隊ではない）大洋艦隊の戦略を研究せよ」と命じられた。

　ティルピッツは、夏に訓練し秋には将兵を陸に上げ休養させる陸軍式訓

練をやめた。こんな訓練をしていたら、戦時には烏合の衆の艦隊になってしまうからだ。訓練も北海やバルト海の外洋で行い、大型装甲艦の訓練もできるようになった。モンツ海相が進めている大型艦が竣工するまで、訓練船や掃海艇を大型艦に見立てて訓練した。

このような演習の結果、8隻の戦艦集団が効率的戦術単位と考えられるようになった。8隻の同型戦艦を戦闘艦隊とし、同じように8隻戦艦による後備艦隊を作る。これが、ティルピッツの夢となった。

1892年12月、この戦術を皇帝に言上したが、これはホールマン海相と対立する考えだった。ティルピッツは、「ホールマン海相の方針が全く分からない。指示が甚だ不鮮明で原則を避ける。その場その場の場当たりで異種の艦ばかり造るから、戦時に確固とした相互協力を期待出来ない。同じような性格、戦闘力の、比較的同型艦の艦隊こそが戦時の協同に不可欠だ」と後に回想している。

議会の予算承認を得て艦の設計をするのは海軍省の仕事だった。ティルピッツの艦種や隻数の主張は、海軍省の権限を犯すものであり、戦艦中心のティルピッツと巡洋艦中心のホールマンは対立した。

議会での予算審議の前日、ティルピッツは皇帝と会い、皇帝が巡洋艦説なのを知った。ティルピッツは反対し、戦艦艦隊の有利性を説いた。皇帝が「ネルソンは常にフリゲート（巡洋艦）を要求したのは何故か」と問うと、「それはネルソンが戦闘艦隊を持っていたからです」と応える。皇帝は翌日、巡洋艦と戦艦の2つの艦隊を要求する声明を出した。これを「2つのメロディーを同時に演奏するグラモフォン・レコードのようだった」と言う人もいた。不満に思ったティルピッツは総司令部参謀長の辞表を提出したが、皇帝は許さなかった。

1896年1月、ティルピッツは従来からの持論である、8隻の戦艦からなる戦闘艦隊を2個造り、1個を後備艦隊とする17隻戦艦の建造（1隻は旗艦）案を皇帝に提出した。「これがあれば、巨大な海軍力を持つ英国に対抗できる。問題地域にこのような艦隊を派遣すれば、最大の海軍国英国でも我々と和解する態度を見せるようになろう。我々は断じて海外巡航用の巡洋艦を造ってはならない」。このメモは、南アフリカのボーア戦争で英軍がトランスバールに侵攻したというニュースの3日後に皇帝に届いた。

皇帝は、ドイツ人と同根の南アのボーア人（オランダからの入植者）に同

情的で、南アにドイツの影響圏を作る機会だと考えた。南ア紛争に干渉しようとしたが、ドイツ海軍は無力だ。ティルピッツは悲観的だった。その理由は、①英海軍により北海とバルト海が封鎖される、②ドイツは海外植民地を失う、③海外貿易がストップする、というものだった。英海軍に比べ、ドイツ海軍は各段に弱小なのだ。

　英独開戦となれば、直後にテームス川を襲ってロンドンをパニック状態に陥れることができても、それは短期間のことで、英国の反撃にドイツは持ち堪えられない。戦略的防衛策をとろうとすれば、望みは独、仏、露との反英同盟だが、それでも海軍力に勝る英国が勝つだろう。

　ドイツの仮想敵は、東西に陸続きで位置する隣国フランスとロシアだ。この両国ないし一国と戦争になっても、英米の中立は期待できない。英米は発展著しいドイツをこの機会に叩きたいだろうから。

　ティルピッツの海軍戦略上の考えは次のようなものだった。
　　①フランス北部艦隊より戦力が30％上のドイツ艦隊を所持すれば、フランス艦隊もロシア艦隊も別々に打破できる。
　　②フランスが地中海艦隊を北海方面に派遣してきても、長期的にドイツ沿岸を封鎖することは難しい。
　　③ドイツが相応の艦隊を所持すれば、その存在だけで仏露を充分牽制できる。いわゆるフリート・イン・ビーイング（Fleet in Being）である。
　　④英国としても、ドイツと戦って甚大な損害を被るとなれば、慎重な態度をとるだろう。

　海外の紛争やドイツ商船隊保護には足の長い巡洋艦がいる。皇帝はホーエンローエ首相に、「迅速に派遣できる巡洋艦が必要で、造船所の可能な限り巡洋艦を起工すべき」と命じた。

（8）東アジア艦隊司令官として中国に拠点を作る

　海軍人事を扱う皇帝直属官房のセンデンは、ホールマンの後任にティルピッツを充てる運動を始めた。ティルピッツは海軍少将に昇進し、1895年9月30日、翌年の初めに東アジア派遣巡洋艦艦隊司令官となる含みでバルト海艦隊司令官になった。

　東アジア艦隊の使命は、この地域在住ドイツ人の生命財産保護とともに、支那海岸のどこかにドイツの軍事・通商拠点を作ることだった。

東アジア艦隊司令官
ティルピッツ

1894年8月、日清戦争が勃発し、1895年に下関条約が締結され、遼東半島が日本に割譲されたが、露、仏、独の三国干渉で、日本は泣く泣く清国に返還せざるを得なかった。英国は既に香港を獲得し、当時の支那は南からフランス、北からロシア、東から日本の影響力が伸びていた。

ドイツは、これらの動きに無関係ではあり得なかった。1895年の英国の対支貿易2,050万トンに対し、ドイツのそれは240万トンに過ぎなかった。支那内の各国企業は英国361に対して、ドイツ92、日本34だった。ドイツの銀行は支那国内での投資や金融業、クルップ社は武器輸出、カトリックやプロテスタントは布教活動を狙っていた。すでに、北方はロシア、南方や中部は英国、フランスが進出していたので、その地理的隙間の山東半島にウイルヘルム2世が注目したのは自然だった。

1894年9月、巡洋艦と駆逐艦によるドイツ東アジア艦隊が創設され、英国や日本に気兼ねせずに石炭補給・艦船補修ができる港を得ようとした。ホールマン海相、クノール海軍総司令部司令官、プリビリ首相はこの考えに賛成したが、ホルシュタイン陸軍元帥と外務省は外交紛争の種になると消極的であった。

山東半島南の付け根にある膠州湾（青島）やこの半島北にある威海衛、支那南部の厦門、ミルス湾、杭州湾沖の舟山諸島、朝鮮沖のモンテベレ島、台湾沖のペスカドーレ諸島がドイツ海軍基地候補と考えられた。

ティルピッツの後任の海軍総司令部参謀長ディートリッヒ少将は1895年11月、皇帝に次の事項を提出した。

①台風や荒波から守られる水深の深い港があり、②海からも陸からも防衛しやすく、③通商航路に近い地点にドイツの根拠地を作るべきである。

クノール海軍総司令部司令官は、上海と香港の間で、大陸からの攻撃がなく、奪いやすい、香港のような島が良いと考え、海軍総司令部参謀長ディートリッヒは膠州湾が良いと考えた。クノールは東アジア艦隊のティルピッツに厦門と舟山諸島、両者の間の良港湾を調査するよう命じた。気候がよく、外交摩擦の少ない膠州湾が良いとティルピッツは考え、1896年7

月、「イルチス」艦長に秘密裏に膠州湾調査を命じた。しかし「イルチス」は台風に巻き込まれて遭難し、ブラウン艦長は水死してしまった。このため、ティルピッツは8月、「カイザー」で膠州湾を訪問。遼東半島の先端にある旅順は、ロシアが狙っている。揚子江河口に近い舟山諸島は、揚子江流域に多くの権益を持っている英国が反対するだろう。気候が良く、石炭貯蔵が可能で、背後とは鉄道で結べる所とすれば、上海より北ではやはり膠州湾だ。ただ、先年の冬、ロシア艦隊が膠州湾で越冬している。

　9月、ティルピッツはロシア側の支那沿岸への狙いを探るため、ウラジオを訪問した。ウラジオ艦隊のアレクセイ提督は非公式に、ロシアには膠州湾獲得計画はない、と言った。10月ウラジオから日本に航行し、横浜でドイツ海軍病院を訪問。10月6日明治天皇に拝謁。天皇は仏式軍服を着用されていた。宮殿はベルリンにある、ロココ、バロック調のドイツ皇帝宮殿より美麗だと、妻マリーに書き送った。

　10月末舟山諸島へ行き、11月には「フィリピン暴動からドイツ人を守るべく、マニラに艦を送れ」との命令が届いた。12月マニラに着くと、フィリピンの暴動はスペインからの独立運動で、ドイツ人への危害はなかった。

　1897年1月3日、マニラを出港し香港に向かった。香港では米国東アジア艦隊のデューイ提督と会った。1898年の米西戦争では、デューイは香港からマニラに向かい、マニラ湾でスペイン艦隊を破り「マニラ湾の英雄」となった。米西戦争の結果、フィリピンは米国の植民地となり、戦争で国庫が崩壊に瀕したスペインはマリアナ諸島、カロリン諸島をドイツに売却。第一次大戦でドイツが敗れると、これらの諸島は日本領（形式的には国際連盟からの委任統治領）となる。

　ウイルヘルム2世は艦隊総司令部のクノールに基地を早く決めよ、と伝え、膠州湾とその入口にある青島の占領を命じた。海軍官房センデンは11月22日付書信で「皇帝と海軍は膠州湾に大変興味を持っていて、貴官の考えの実現に向かっている」とティルピッツに伝えた。

　1897年3月、帝国議会予算委員会はホールマン海相提出の7,000万マルク予算案のうち1,200万マルクを削減した。ホールマンは直ちに辞表を皇帝に提出した。皇帝はティルピッツに帰国命令を出す。1897年4月13日、長崎を商船で出発し、米国を経由して帰国の途についた。東アジア艦隊司令官の後任はフォン・ディートリッヒ少将となった。

ソルトレークシティーでの記者会見で、ドイツ人記者から「海相就任のための帰国か」と問われると、微笑を浮かべるだけだった。皇帝に直属し、人事を専掌する海軍官房のセンデンから秘密に知らされていたのだろう。米大陸を鉄道で横断し、ニューヨークを出港しブレーメンに帰港。
　ホールマン海相の辞任後は、ティルピッツの着任までビュヒセルが海相心得で海軍省を指揮していた。

（9）海相となり、「仮想敵は英海軍」

　皇帝の強い意向で海相に就任したティルピッツは、1897年6月15日、ポツダム宮殿でウイルヘルム２世と会い、次のような極秘メモを提出した。
　①現在の最も危険な仮想敵海軍は英海軍である。
　②エルベ川河口に近く、ドイツの北海に臨む港の喉元にあるヘルゴランド島から英国のテームス川に至る海域に強力な戦力を展開するために、ドイツ艦隊は建造されねばならない。
　③英国に対抗する軍事体制のためには、できるだけ多数の戦艦が必要だ。
　④唯一の主要戦争は決戦である。
　⑤英国への通商攻撃（巡洋艦戦）は望み薄い。なぜなら、我が方には根拠地が不足しており、英側は根拠地を多数持っている。故に、我々の艦船建造計画には、対英巡洋艦戦を考慮すべきでない。
　⑥対英戦のためには戦艦８隻による戦闘艦隊２個と旗艦１隻の計17隻の戦艦を建造すべきである。なお、旧式艦、老齢艦などの予備戦艦は計19隻保存する。
　⑦この艦隊の完成は1905年を目標とする。予算総計は4億8000万マルク（年間5,800万マルク）。
　ティルピッツの極秘メモは、当時友好的だった英国を敵とみなす戦略で、これまでのドイツの海軍戦略を大きく変更するものだった。従来の仮想敵はフランスとロシアで、そのためには強力な艦隊は必要ない。海上での戦闘に関係なく、ドイツ陸軍がフランス、ロシアに勝つか負けるかだけだ。しかし、対英戦争となれば、話は違ってくる。戦艦が必要だ。そして、巡洋艦戦戦略の放棄・制限も大きな変更であった。しかし、帝国議会は毎年増える海軍建艦予算に懐疑的で、「制限なき艦隊増大計画」には消極的だった。

4．海軍の大増強へ

（1）海軍省の改革と第1次海軍法

　戦艦中心の海軍にするためには、ウイルヘルム2世の支援と帝国議会の賛成が不可欠だった。議会が賛成しなければ、海軍予算増大は夢で終わる。ホールマン海相は議会対策に失敗して解任された。ティルピッツの力量は、海軍内では広く評価されているものの、議会からは、①際限のない艦隊増強計画の主張者、②皇帝が自らの玩具のような艦を作らせようとしている、と見られていた。

　プロイセンは伝統的に陸軍の地位が高い。この陸軍と競って海軍予算を増やすのは困難だった。海軍は皇帝直轄の海軍だけだが、陸軍は各州が独自の陸軍を持っている。森鷗外の「独逸日記」を読むと、州の陸軍大臣に招かれて会見している場面が時々出てくる。各州の陸軍は戦時にのみ、プロイセン王でもあるドイツ皇帝の指揮下に入るのである。

　ウイルヘルム2世は1888年の即位以来、祖父ウイルヘルム1世が陸軍に果たしたような役割を自分は海軍で果たしたいと考えていた、祖父は巨大な陸軍を作り、モルトケを参謀総長に登用して、世界一効率のよい陸軍を作った。モルトケは新しく登場した鉄道をドイツ国内に張り巡らせ、陸軍の集結、移動を迅速化した。陸軍大学で参謀を養成し、各軍団や師団に派遣し、新しい電信技術を利用して参謀本部から直接的迅速に指導、指揮できる体制を作った。その成果が出たのが普仏戦争の圧倒的勝利だった。

　大陸国のドイツ防衛には巨大な陸軍が不可欠であった。工場労働者や都市生活者が増え、社会民主党の勢力も増大している。国内革命騒ぎに対しても、陸軍は必要だ。

　支配階層は革命を恐れていた。これを制圧できるのが陸軍だ。もちろん、仮想敵国のフランス、ロシアに対抗するにも陸軍はなくてはならない。陸軍は貴族が将校となり、農民が兵隊となった。陸軍が急増大すると、資産家が将校、工場労働者が兵隊になるのではないか、との恐れが貴族を中心に起っていた。

　海軍大増強のための艦船建造は、鉄鋼、造船、化学などの大企業には利潤をもたらすが農業関係には利益はない。土地貴族ユンカーや農民は海軍

大増強には不満を持った。

　ティルピッツは、議会予算委員会補佐官にエドアルト・フォン・カペレ中佐を任命した。カペレ中佐の補佐はデーンハルト少佐。1897年6月19日、海軍大増強のための海軍法案に係る海軍予算案討議のため、海軍省内に特別委員会を作った。メンバーはカペレ中佐、デーンハルト少佐と2人のベテラン事務官である。

　旧式戦艦8隻は1905年まで使用できると考え、新海軍法案は、1905年までの7年間に11隻の戦艦を完成ないし起工し、従来からある戦艦8隻と併せて19隻とし、8隻戦艦による2個戦隊、プラス旗艦1隻と予備艦2隻の戦艦艦隊を目指すものであった。併せて毎年1隻の大型巡洋艦を建造する。毎年計画的に建造すれば、造船所が設備不足となったり、逆に設備を遊ばせることもなくなる。

　ティルピッツは、国民や議員に海軍の重要さを知ってもらうための海相直轄の広報機関が必要と考えた。ヒューゴ・フォン・ポールを広報部長に任命し、その下でニュースと議会問題担当に、ティルピッツの側近にして精力家で人間的魅力に溢れたアウグスト・フォン・ヘーリンゲン中佐を任命した。ヘーリンゲン中佐は演説草稿や論文が書ける退役士官を雇い、海外駐在武官や、海外基地からニュースを送ってもらうようにした。

　秋の海軍演習には新聞記者を招いた。ヘーリンゲン中佐は一流新聞の編集者を訪問し、連絡を密にしていった。海軍の意義や重要性を国民に啓蒙するために創設されたドイツ植民地協会や汎ドイツ連合にも講演者を派遣し、資金援助も行った。

　膨大な予算を食う建艦増大のためには国民の理解が不可欠と考え、ティルピッツは海相就任早々広報部を創設していた。後に第二次大戦初期の海軍総司令官になるエーリッヒ・レーダーは、海軍大学校を1906年4月に卒業して、海軍省広報部に配属となった。海軍大増強に関して、国民の理解を得ることが当時の海軍の重大事項だった。外国語に堪能なレーダーは海軍関連の外国紙や外国雑誌のニュースや評論を読んで要約を作った。海軍機関誌や年報の編集もした。レーダーはティルピッツ海相と親しく接する機会が多かった。当時、予算を審議する帝国議会では、社会民主党（SDP）が侮れぬ力を持ちつつあった。レーダーはティルピッツ海相の議

会演説第一次草稿も見た。海相の政治への関りを間近に見聞した。

　ティルピッツは、マハンの思想と、社会進化論（Social Darwinism, 適者生存、優勝劣敗の考え）の思想の影響を強く受けていた。

　1899年9月11日付ロンドンのサタデイ・レビュー紙は反ドイツ記事を載せ、最後はラテン語の「Germania esse delendam（ドイツ滅ぼさざるべからず）」で結んだ。これは、ポエニ戦役（カルタゴとローマの3次に亘る戦争）時代、ローマの政治家カトーの演説「カルタゴ滅ぼさざるべからず」を引用したものである。

　この記事は、ドイツで大反響があり、ティルピッツの海軍法が議会を通過する原因の一つになった。ヘーリンゲン中佐はドイツの大学を訪れ、著名学者にドイツの海洋利害を書いてもらったり、講演を依頼した。当時のドイツは大学教授の数は少なく、権威があった。その権威を活用したのだ。グスタフ・シュモーレル教授の推奨で雇った経済・政治学者のエルンシュト・フォン・ハーレは、1908年に亡くなるまで海軍省で学問的活動を指揮した。海上活動に関する資料、統計を蒐集すると同時に、海軍省の機関誌『ナウティクス』（ティルピッツの海相就任翌年の1898年初期から発行）の編集長でもあった。

　ティルピッツは、毎年予算委員会で議論を繰り返す愚を避け、7年間の長期計画で艦種と予算総額を決め、年度予算を固定することで、制限なき予算増大になるのではないかという議員の心配を減らそうとして。同時に、毎年繰り返す艦種や予算額審議のための膨大な時間浪費と議員の負担軽減にも繋がると考えた。従来のやり方を改め、海軍法を制定することで、予算は7年間固定され、議会からの干渉を受けずにすむ。これは海軍省にとっては革命的なことでもあった。

　ホールマン前海相は思った。

「数年間固定される予算を帝国議会が認めるはずがない、また、今後10年間にドイツ海軍が必要とする艦種を海相は予想できない」

　これに対して、ティルピッツはホールマンに言った。

「私が海相になった時、ドイツ海軍は実験艦の集合みたいなもので、何とかロシア艦隊に勝っていた程度だった。確かに、英海軍も実験艦の集合みたいだったが、英国は財政上の問題が少なく、間違った艦を造っても、別の艦種を作る余裕がある。ドイツの財政事情はそれを許さない。艦船建造

の一貫性が確保でき、毎年細かい技術問題で議会から干渉されない、長期的建造予算の海軍法が必要だ」

　ウイルヘルム２世は、海相就任に際してティルピッツから提出されていた前述のティルピッツ・メモを了承していた。

　海相就任時、ティルピッツの海軍内での先任順位は13番目で、先任者達は戦艦戦略派ではなく、巡洋艦戦略の信奉者である。ホーエンローエ内閣では、外相ビューローを除いて艦隊増強に消極的だった。ドイツは元々海洋国ではない大陸国の陸軍国だったから、海軍に金を回すなら、陸軍にその予算を注ぐべしという考えが伝統的に強かったのだ。

　管理業務は次官に委ね、自分はセント・ブラジエンの別荘に、病気療養を理由に気のおけない者たちを引き連れて籠った。ティルピッツがアイデアを出し、自由に討議させ、自分は後ろに下って討論を聞いた。どんなアイデアもタブー視しなかった。

　海軍法案草稿は、セント・ブラジエンでの討論で10回以上推敲され手直しされた。詳細法案作成のための時間表がつくられ、「直ちに」、「至急」、「本日中」と注意書きが添付された。6月19日、新計画を盛り込んだ1898年予算案を6日以内に完成し、7月2日までに海軍法案がティルピッツの手許に届くよう指示した。

　ティルピッツはメンバーに、「この法案の要は、英国を仮想敵国とすること」と念を押した。海軍総司令部（クノール総司令官）と海軍省の統合委員会が作られていたが、ティルピッツはこの委員会に情報を一切入れなかった。6ヵ月後、クノールはこれに抗議したものの、時既に遅しだった。艦の種類を決め、建艦をどのようにするかは、海相の専権事項であることをウイルヘルム２世に認めさせていたのだ。クノールは引き下がらざるを得なかった。ティルピッツは蔵相との間でもこの手を使った。大蔵省とも統合委員会を作ったのだが、ウイルヘルム２世とホーエンローエ首相に根回しをしていた。9月、蔵相が海軍法案に反対すると、ティルピッツは答える。「皇帝（ウイルヘルム２世）も首相も決定済の案件を、訂正して再び皇帝に奏上することは出来ない」と。

　8月末には、海軍法案はほとんど完璧なものになっていた。ティルピッツは主要政治家を廻って了承の根回しをしていた。ビスマルクが7年前に首相を辞職して以来、大臣でビスマルクを訪れた者はいなかったが、8月24

日、ティルピッツはビスマルクの自宅に訪れた。正午ビスマルク邸に着くと、ビスマルクの家族は食事中だった。この時ティルピッツは48歳、82歳のビスマルクは神経痛で悩んでいた。2時間の会談で、ティルピッツは戦艦艦隊の必要性を老元首相に説いた。

　会談後、ビスマルクは森のドライブに誘った。御者に分らないよう二人は英語を使って会話した。ティルピッツは次期進水予定の1万トン級装甲巡洋艦の艦名に「ヒュルスト（侯爵）・ビスマルク」と名付けたい、とウイルヘルム2世に願い出て、渋々ながらも皇帝から了承を得ていた。そのことをビスマルクに伝えた。首相退任以来訪ねる者も絶え、寂しい思いをしていたビスマルクは、自分に意見を求めただけでなく、最新巨大艦に自分の名前を付けるという話に満更でもなく、海軍の適度の増大に賛成した。

　ティルピッツの父ルドルフは、ベルリンのギムナジウム、グレイ・クロイステル校でビスマルクと級友だった。父は、ビスマルクの支持を得るため、「もし私が帝国議会議員なら、海軍法案に賛成する」との書信を老旧友に送った。2，3日後、ビスマルクは新聞に同じことをしゃべった。ビスマルクの発言はナショナリストや土地所有貴族ユンカーや農業関係者への影響が大きかった。元々、陸軍国プロイセンの首相として辣腕をふるったビスマルクは、ウイルヘルム2世が抱く、夢のような艦隊とか艦観式用の艦隊を疑問視していた。

　ティルピッツは、サクソン王、ババリア公、バーデン大公、オルデンブルグ大公も訪れ、自分の考えを説明した。また、ハンブルグなどの沿岸都市の議会にも出向き、海軍法を説明し了承を願った。このように根回しを行った後、ホーエンローエ首相に会い、できるだけ早く議会へ法案を提出するよう頼んだ。

　ドイツ帝国では、大臣や官僚は大衆から選ばれた帝国議会議員を嫌う傾向があった。ホールマン首相も海相時代、議会には悩まされたが、ティルピッツは忍耐強く、鄭重に、ユーモアを交えながら、議員には喜んで説明し、議会説得に努めた。政党のリーダーにも陣笠議員にも説明を厭わなかったし、議員を秘密裏に海軍省に招き、大テーブルを囲んで歓談したり、碇泊中の軍艦に招き造船所視察行事も行った。

　議員達はティルピッツの熱心さと意見を共有しようとする姿勢がわかったが、それでも海軍法に反対する議員は、「技術革新が進んでいるので建

造費は予定よりも大きくなる、副砲なしの全主砲艦ドレッドノート型では
さらに大型化と建造費増大が進行する」と反対した。ティルピッツは次の
ように説明した。「長期間の技術変化で、艦船タイプは戦艦、大型巡洋艦、
軽巡洋艦、水雷艇と固まってきている。近い将来、これが変わることはな
い。突然驚くような変化は出現せず、海軍法（長期計画予算法）で対処で
きる」と。

　11月30日、皇帝は海軍法案の成立を促すため、次のような声明を出した。
　①ドイツ戦闘艦隊の発展は、やらねばならぬ責務と調和している。
　②現在のドイツ艦隊は、ドイツ沿岸やその港を守るのに充分でない。
　③世界一の海軍力を持つ国（英国）と競争するつもりはない。
　ティルピッツの考えは次のようなものだった。
　①毎年のように、艦種やその数に関して、議会で非難し合うのは甚だ疑
　　問で、長期計画によりその愚を排したい。
　②また、この長期計画により、造船所は毎年の建造計画が予め決まって
　　いるので、ビジネスライクに計画でき、コストのコントロールが可能
　　となる。

　左翼の社会民主党は予算を軍備に注ぐのには反対の立場だった。1875年
創設のドイツ社会主義労働者党はビスマルクの社会主義者鎮圧法が廃止さ
れた1890年以降社会民主党と改称して、1912年には議会の第一党となって
いた。ちなみに第一次大戦敗戦後に創設されたナチスの正式名称は「国家
社会主義ドイツ労働者党（Nationalsozialistische Deutche Arbeiterpartei）」
である。

　1897年の夏、ホールマン海相が辞任に追い込まれたのは、397議席中96
議席を持つ中央党が海軍予算増大に反対したからだ。議会の有力政党は、
1870年カトリック代表によって結成され、南ドイツとカトリックを基盤と
した中央党だった。帝国議会では、教会の自由・連邦的統一を目指し、反
プロイセン的立場を取っていた。保守政党は、予算をもっと陸軍に注ぐべ
し、として海軍法に反対する傾向にあった。

　中央党の意向は大きかった。1897年8月初旬、ティルピッツは秘密裏に
使者をたてて中央党リーダーのリーベルに接触し、海軍法を認めて欲しい
と頼んだ。リーベルは、技術進歩が激しいので長期計画へのコメントは不
可能だ、と答えたが、議会担当のカペレ中佐に会ってもよい、と返事した。

広報課長ヘーリンゲン中佐は、カペレだけでなくティルピッツ自身も会ったほうがよい進言した。カペレはリーベルの自宅に参上したい旨を伝えたが、断られた。リーベルは貧乏で12人の子供を抱えていた。ババリアからベルリンへの旅費が必要だったが、秘密裏に出してくれるなら海軍省へ行ってもいいとのことだった。

　1897年10月、リーベルは秘密裏に議会担当のカペレ中佐と会い、その後、カペレ、ティルピッツと会った。二人は海軍法案をリーベルに手渡した。この法案に関して、①ドイツの貿易と植民地を守るため、敵の海上貿易を破壊するだけでなく、敵の海岸や港を攻撃するための攻撃的潜在力をつけようとするもの、②技術革新は穏やかになっているので、艦船の種類は固定できると説明した。

　リーベルは大体理解したが、長期計画中の予算増大を恐れて、その対策として次の三つの方法がある、とした。

　①建造費の上限を毎年5,000万マルクとする。

　②期間はもっと柔軟に。例えば6〜8年間、あるいは5〜9年間とか。

　③艦隊を固定し、海外派遣艦船の数を柔軟にする。

　これに対してティルピッツは確約はせず、②と③は提出しようとしている海軍法を大きく崩すこととなるとした。こうなれば、建造計画は再び、帝国議会の言うままになる。これは何としても避けたい。

　リーベルは旅費400マルクをもらって海軍省を去った。

　10月末、リーベルはホーエンローエ首相と会い、中央党に影響力のあるコップ司祭が政府に対立的だとぼやいた。ホーエンローエ首相は海軍法案に乗り気でなく、法案を帝国議会に出すことすら消極的だった。

　ティルピッツは議会対策に慎重だった。多くの統計や地図を備えて、論理的に説得・議論しようとし、政治的には紳士的かつ穏やかに、要求はできるだけ相手の立場を考え、議会が敏感になる増税には言及しなかった。

　11月6日、ドイツのカトリック宣教師が山東省で殺害される事件が発生し、東アジア艦隊司令官ディートリッヒ少将が膠州湾を占領したとのニュースが入った。膠州湾問題について、ティルピッツは消極的で、ホーエンローエ首相に書簡を送った。「支那への行動は、海軍法の成立のためには好ましくないし、ロシアと戦争になる可能性がある」と。

　ビューロー外相にも同じように伝えた。海外の行動には巡洋艦が必要で

あり、国内の巡洋艦派を勇気づけることになる。仮想敵との艦隊決戦や、仮想敵国に睨みをきかせるには戦艦艦隊が不可欠とするティルピッツの海軍戦略実現には邪魔になるのだ。

　しかし、ウイルヘルム２世の意向もあり、ホーエンローエ首相は膠州湾問題に積極的で、1898年膠州湾の青島はドイツのものになった。

　議会審議の前、海軍省が作成した資料「ドイツ帝国の海上利益（Die Seeinteressen des Deutschen Reichs）」が議会で配布された。内容は、①人口増、②移民、③貿易、④植民地獲得、⑤海外投資、⑥造船、⑦商船隊、⑧港湾整備、⑨独、英、露、仏、伊、日、米の海軍力比較で、統計に基づく「白書」であった。帝国誕生以来、ドイツは大きな発展をしていることを示している。輸入は２倍以上、輸出は３倍、商船隊は10倍以上で、25年間で世界第２の貿易国になった。にもかかわらず、海軍はそれほど大きくなっていないことも示されていた。1883年から1897年までに、ドイツ海軍は世界４位から５位に落ちていた。5,000トン以上の装甲艦は、英62隻、仏36隻、露18隻に対して、ドイツは12隻にすぎなかった。

　ティルピッツは個人的に議会ロビー活動をしながら、それを補足するための広報部部員は情熱ある若手士官を充て、ジャーナリストを目標に次のような情報を提供した。

①外国海軍力とドイツ海軍力の差を特に強調する。

②海軍法案に反対する記事に関しては、鄭重に答えるが、断固としてこれを論破する。

③海軍関連で情報が入りにくい小新聞には、そのまま記事に出来るような原稿を提供する。

④海とは関係の薄い、内陸の南ドイツの新聞には特に留意した。

⑤大学にはこまめに行った。海軍法案に好意的発言を期待できる、特に経済関連の教授と会い、ドイツ産業と交易にとってのドイツ艦隊の価値を強調した。

⑥教授や学生をキールやウイルヘルムスハーフェンに招待し、士官や軍楽隊で対応させ、造船所を見学させた。

⑦1898年、ドイツ海軍連盟（Flottenverein）が創設され、世界列強の現状と海軍力増強を訴えた。エッセンに巨大工場を持ち、海軍砲や装甲用鋼板を製造するフリッツ・クルップがこの連盟創設に資金援助など

の尽力をし、爵位や勲章を望む産業人も加入した。ドイツ海軍連盟は
ドイツの国威と繁栄には、植民地と艦隊が不可欠なことを主張した。
会員は1898年に7万8000人が1901年には60万人となり、第一次大戦勃
発の年1914年には110万人となった。機関紙『艦隊（Die Flotte）』を刊
行すると共に、海軍史を記述した雑誌、単行本も出版し、英国嫌いを
広めた。

　美しく装丁した『海軍アルバム年報』が毎年クリスマスに発行された。
ウイルヘルム2世は毎年600部を購入し、ドイツの学校に賞として配布し
た。

　1897年11月27日、海軍法が連邦参議院を通過。問題は、予算審議権を持
つ帝国議会だ。帝国議会では、12月6日から12月9日にかけて、海軍法に関
する政府説明が行われた。ホーエンローエ首相、ティルピッツ海相、ビュ
ーロー外相、ティールマン蔵相は、議会演説を行ったが、いずれも就任後
初めての議会演説だった。

　ティルピッツの演説は、①技術革新は落ち着いているので建艦費が増え
ることはない、②建造しようとしている艦隊は仮想敵の海上封鎖に対する
完全に防衛的なものである、との2点だった。予想されていたように、社
会民主党は、際限のない艦隊計画として大反対したが、保守党は農民の利
益が損なわれぬことを前提に賛成した。10月24日にティルピッツと秘密裏
に会っていた中央党のリーベルは態度を保留した。中央党は397議席中96
議席を有し、影響力は大きく、海軍には関心が薄い内陸部のババリア、ラ
インランドが地盤のカトリック政党である。

　年が明けて1898年2月24日、予算委員会での審議が開始された。予算委
員会メンバー29人中、中央党は9人、国家自由党と保守党は11人だった。
中央党党首リーベルは第3回予算委員会で、艦隊建造に要する資金は、国
税ではなく、建艦で潤う工業州の税金と、年収1万マルク以上の者からの
直接税であてるべし、とした。社会民主党党首ベベルは、艦隊増強は英国
と摩擦を起こすとして反対した。

　海軍法案が議会の予算委員会に提出されると、ティルピッツや広報部員
は委員の利害やどこから影響を受けているかを詳細に分析した。クルップ
社社長のフリッツ・クルップやハンブルグ・アメリカ航路会社社長アルベ
ルト・バーリンは海軍法案に賛成の意見を表明し、ドイツ産業経営者団体

や78の商工会も艦隊増強の要求を声明した。「文明を作った全ての人々は強力な海軍力を持っていた」と某大銀行の頭取は語っている。

　このような国内の動きに議会は反応した。

　1898年3月23日、予算委員会での最後の質疑応答を聞けば、海軍法案は通過すると誰もが思った。リベラル・ラディカル連合のオイゲン・リヒテルは次のように宣言して賛成した。「ギリシャ・ローマ神話の海神が手にする三叉槍を我々が所持するとすれば、偉大な国の巨大な手には、小さな艦隊では十分でない。もっともっと戦艦を持たねばならない」。

　社会民主党のベベルはなおも反対してこう言った。「仮想敵に備えて艦隊を作るべきだ。議会席の、特に右に座っている諸君は英国嫌いで凝り固まっているようだ。英国と戦いたいと思っていても、この海軍法案によって最後の艦が完成しても、（そのような海軍力では）棍棒で英国と戦うようなものだ」。

　1898年3月26日、海軍法案は帝国議会を賛成212対反対139で通過した。海相ティルピッツと外相ビューローはウイルヘルム2世に報告書を提出し、ビューローは報告書の最後に「皇帝万歳！」と書いた。東アジア艦隊にいた皇帝の弟ハインリッヒ公は香港から「ドイツ皇帝、ベルリン、万歳！ハインリッヒ」との電報を打った。

　ホーエンローエ首相は、海相就任後わずか8ヵ月で海軍法案を成立させたティルピッツを激賞した。以降ティルピッツは19年間の長きに亘り、最も有力な閣僚となった。

　第1次海軍法（1898年）が帝国議会を通過することにより、1904年までの7年間、議会で審議されることなく、7隻の戦艦の建造が可能になった。もっとも、1904年の終了時点でも、ドイツ海軍は英国はもちろんフランスにも劣り、バルト海の制海権を握るロシア海軍に対しても優勢とは言えなかった。

（2）第2次海軍法

　1899年10月南アフリカでボーア戦争が勃発。多くの欧州大陸の人々はボーア人に同情した。ボーア人はオランダ人移民入植者の後裔で、ドイツ人とは同根なのだ。これが英国人に圧迫されている。ドイツと南アフリカは6,000マイルも海で隔てられており、海軍力の弱いドイツはどうしよう

なかった。

　1900年1月、ドイツ人の憤慨が爆発した。パトロール中の英巡洋艦がアフリカ沖を航行中のドイツ商船を臨検して、ボーア人への援助品があるかどうか検査した。英国はすぐに陳謝したが、ドイツ人の怒りは収まらなかった。ティルピッツは直ちに第2次海軍法を帝国議会に提出した。この法案によれば、戦艦19隻を倍増して2隻の旗艦、1個戦隊が8隻の戦艦から構成される4個戦隊の戦艦、それに4隻の予備戦隊による、38隻に倍増するものだった。建造計画によれば、1901年から1917年までに起工し、1920年に完了する。これは、沿岸警備海軍ではなく、北海での戦闘艦隊であって、世界2位の海軍となる。

　ドイツの海上通商と植民地の防衛には、英国に対抗し得る海軍力を保持し、ドイツと戦争をすれば現在の世界における位置を失うかも知れない危険があると英国に思わせることが必要だ。英艦隊がドイツ艦隊を破ったとしても、英国の残存艦隊では英国の地位は安全ではなくなる。これは有名なティルピッツの「リスク理論」で、次のような内容であった。

　①英艦隊は全世界に拡散している。戦力を集中しているドイツ海軍は北海で勝つチャンスがある。

　②新しく、ドイツに艦隊が建造されれば、英艦隊は勝ったとしても、大きく傷つき、その結果、英は仏や露の言うままにならざるを得ない。

　③しかし、ドイツ艦隊が強力になる前に、英は決定的打撃をドイツ艦隊に加える可能性がある。100年前の1801年、中立国デンマークの海軍をフランスが接収することを恐れ、ネルソンはコペンハーゲン港に侵入し、碇泊中のデンマーク艦隊を撃破した。

　強力な英艦隊が突如ウイルヘルムスハーフェン軍港に侵入し、砲撃を加えて碇泊中のドイツ艦船を潰滅させる可能性なきにしもあらずだ。英としては、本国近くに強力な艦隊が出現するのを防ぐため、戦争になる以前に攻撃を仕掛けてくるかも知れない。だから、英国のリスク増大と並行してドイツのリスクも大きくなる。このリスキーな危険期間を、1900年時点でティルピッツは1904年から1905年だと、考えた。しかしドイツに対抗して英国が大艦隊を建造するとなると、危険はもっと先になる。1915年まで危険は先延ばしとなろう。

　1900年6月20日に議会を通過した第2次海軍法の成立にウイルヘルム2

世は狂喜した。ティルピッツをプロイセン世襲貴族に任じ、フォンを付けるのを許した。以降、アルフレッド・フォン・ティルピッツと名乗るようになる。

　1903年、ティルピッツは海軍大将に進級し、1911年にはドイツ帝国海軍の最初にして唯一の元帥となった。

　ティルピッツは毎夏、セント・ブラジエンの別荘にスタッフを招き、次期艦船建造計画を討論させた。細心に練られたこの結果を、9月に皇帝の所に持参して討議した。しかし、両者の間は特に親しいものではなかった。両者は互いを必要としていたのだ。ティルピッツが海相になる以前、皇帝は9年間に亘って強力艦隊を建造しようとして失敗した。ティルピッツは身内である海軍内部からの反対、首相や蔵相からの反対、議会の反対に勝つためには皇帝の権威を必要とした。

　ウイルヘルム2世は皇帝在職中、海軍に関するアイデアや技術に関する考えを何度となく表明した。思いついた艦のスケッチの写しをティルピッツや議会に配ったり、装甲を厚くして砲を大量に装備する案を出してきたりしたが、どれも思いつきの域を出ず、ティルピッツは困惑することが多かった。

　第2次海軍法はドイツ海軍の基本構成となった。

　この海軍法はその後3回補正されている。1回目は1906年、第1次モロッコ事件（タンジール事件）を受けて6隻の大型巡洋艦を追加した。2回目は1909年、艦の寿命を25年から20年に変更して老朽艦を早く廃止するとともに毎年の建造艦の数を増やし、艦隊の近代化を促進した。3回目は1912年第2次モロッコ事件（アガジール事件）からの対応であった。

　第1次モロッコ事件とは、1905年にウイルヘルム2世が突如タンジール港に入港して、モロッコの独立と門戸開放を要求したため生じた事件である。第2次モロッコ事件とは、1911年にモロッコの内乱に乗じてフランスが出兵し、ドイツがこれに対抗するため軍艦をアガジール港に派遣すると、再び独仏間が緊張した事件で、国家の危機に対する国民の反応を利用し、議会に圧力をかけ、3隻の戦艦建造を追加した。

　第1次海軍法が成立した1898年、英国の仮想敵はフランスとロシアだった。英国の憂慮はロシアの北支那進出であった。女真族満州人は清王朝を興し支那人に君臨していたが、本拠地の満州は主がいない状況で、ロシア

は無人の地を行くように占領し、さらに北支那に触手を伸ばそうとしていた。北支那がロシアのものになれば、支那各地の英国の利益が害される。また1899年、フランスが遠征軍をナイル川上流に派遣したため、英仏戦争の危機が現実化していた。この時期の英国にとって、ドイツは潜在敵ではなく潜在同盟国だったのである。

　当時の英海軍政策は、仏露2国合計の海軍力と同戦力を持つ、いわゆる「二国海軍主義」をとっており、1893年12月から1895年3月までの16カ月にマジェスティク級（1万5000トン）戦艦9隻が起工されていた。1896年12月から1901年3月にかけてマジェスティク級をさらに進歩させた20隻の戦艦の起工が始まった。

　ドイツは、第1次と第2次海軍法により、ヴィッテルスバッハ級5隻を1899年と1900年に起工、ブラウンシュバイヒ級5隻を1901年と1902年に起工、ドイッチュランド級5隻を1903年から1905年にかけて起工することとなった。これは英海軍の危機感を高めた。

　1901年、英国のセルボーン海相はサリスベリー首相に次のような書簡を送った。

　　「ドイツの海軍政策は、はっきりしており、一貫・永続的である。ウイルヘルム2世は力を全世界に及ぼし、通商、植民地所有に、ドイツの利益を強めようと決心したようである。英国が仏、露と戦う場合にはドイツが優位な立場に立つ」

　1902年10月の白書で英国政府は、直接的に「ドイツ海軍が英国への脅威」と書いた。世界最強の陸軍を持つドイツが世界第2位の海軍力を持とうとしていることは、英国の海軍政策、外交政策に基本的変化をもたらすこととなった。

　ネルソンが仏海軍を破ったトラファルガー海戦以降の英国外交政策は「名誉ある孤立（Glorious Isolation：どの国とも同盟関係を持たず、孤立を貫く）」であったが、英国一国だけでは列強間の外交は難しくなり、1902年1月、ロシアの東アジアでの南下政策を懸念した日英同盟が締結された。

　英国はドイツの第2次海軍法成立に神経を尖らせ、「キング・エドワード7世」（16,300トン）8隻の建造に着手する。

　英独対立状況に関しては、英国作家アースキン・チルダースによる『砂の謎（The Riddle of the Sands）』が、当時の雰囲気をよく表わしている。

作者のチルダースは裕福な家に生れ、ケンブリッジに学んだ。下院事務官として働いていたが、下院開催期間以外は長い休暇が取れるので北海やバルト海を所有のヨットで航行するのを趣味とした。ボーア戦争では砲兵将校として、また後の第一次大戦では飛行観測の情報将校として参陣。アイルランド独立運動に関わったため、1948年に現地アイルランド人組織に処刑された。ちなみに1973年、息子のハミルトンがアイルランド共和国の首相になっている。

　1903年に出版された『砂の謎』は単なるスパイ小説ではなく、海の冒険の物語だ。主人公の一人は、チルダース本人がモデルと思われるオックスフォードを出た海軍士官でヨットの持ち主。もう一人はオックスフォードで学んだ外務省の役人。二人は休暇でヨットに乗り、エルベ川河口海岸の砂浜に上陸したところから物語は始まる。主人公の海軍士官が次のように語るのは、当時の英国人の考えがよく現れている。

　「ここに、中部ヨーロッパの半分を超える巨大帝国ドイツがある。この帝国は野火が拡がるように大きく成長している。人も富も全てが増大している。彼等はフランスやオーストリアとの戦争に勝ち、今では欧州最大の陸軍力を持っている。私が関心を持っているのは彼等のシーパワーだ。これは、彼等にとって新しい持物だが、強力になりつつあり、彼等の皇帝は全力を挙げて、シーパワー獲得に向って走っている。彼等は素晴らしい。彼等は語れるような植民地を持っていないが、我々（英国人）のように持つようになるだろう。巨大な海軍力がなければ、彼等は植民地の獲得や、保持、巨大な通商を守ることも出来ない。海上通商は今日の問題だ。これは私のアイデアではない。全部、マハン米海軍大佐や、マハン信奉者の言うことだ。ドイツは現在、小さな艦隊を持ったばかりだが、それは最新鋭の近代化されたもので、彼等は更に強力な艦隊を建造中だ。

　一方、英国は自己の偉大さの源を怠るようになり、英国の偉大の源を知り、英国を救う方法をよく知っている日焼けし、海水をたっぷり沁み込ませた船乗りを、撥ねつけるようになった。我々は海国（Maritime Nation）だ。我々は海によって成長し、海によって生きてきた。若し、我々が制海権を失えば、我々は飢える。英国は海に頼るユニークな帝国だ。我々はあまりに長く安全だった。豊かになり過ぎ

た。だから我々はそのお蔭を忘れてしまったのだ。政治家の馬鹿共は
英国の現状を知って、自分達が馬鹿だと謝りはしない。やれるように
なるまで待たず、奴隷のように祖国のために働き、前途を見つめる
（ドイツ）皇帝のような人を英国人は望んでいる。我々はドイツに備
えねばならぬのに、ドイツの方向を見ようとしない。英国は北海に基
地を持たず、北海艦隊も持っていない。揚句の果てに、北海沿岸をコ
ントロールする要地ヘルコランド島をドイツに割譲するという馬鹿を
やった。英国は世界の富を得た。ドイツ人はこれに嫉妬する権利を持
っている。彼等をして我々を憎ましめよ、そして言わしめよ。『ドイ
ツは英国のやり方を学んでいる。それが全てだ』と」

コラム　キール運河

　　ティルピッツの戦艦中心戦略の問題には、戦艦建造問題だけでなく、バル
ト艦隊と北海艦隊を迅速に集中・分散するための地理的制約があった。バル
ト海と北海の間にはユトランド半島が横たわり、バルト海から北海に出るの
を妨げている。北海に出ようとすれば、デンマークとノルウエーの間の狭い
海峡をすり抜けて、北上する大迂回が必要となる。このため、ユトランド半
島の付け根には昔から小規模な運河が作られていた。1784年、デンマーク王
クリスチャン7世は、この小運河を幅31m、深さ3.5mの運河に改修した。
　　ユトランド半島付け根付近のシュレスビヒ公国とホルシュタイン公国はデ
ンマーク王が統治していたのだが、住民は85万人がドイツ人、15万人がデン
マーク人だった。両国間でこの二つの公国の帰属問題が紛争の種になってい
た。1864年のプロイセン・デンマーク戦争により、シュレスビヒ公国とホル
シュタイン公国はプロイセン領となり、プロイセンはキールの良港を得た。
　　クリスチャン7世が改修した運河は、木造帆船時代はこれで間に合ったが、
大型鋼鉄蒸気船の出現で運河の大拡張が必要となった。ドイツ帝国海軍の大
増強に伴い、運河の拡張は1887年に着工し、底幅22m、深さ9mの運河が18
95年に完了した。艦船の大型化はさらに進んだため、1908年から1914年に
かけて再拡張が行われ、水面幅103m、底幅49m、水深11mの運河となった。
長さは98kmである。
　　ティルピッツ海相時代、運河再改修予算問題は当然ながら、大蔵省や帝国
議会で大きな問題となった。

コラム　ドイツの地理的不利

　ドイツの近現代史を見ると、その地理的不利が浮かび上がってくる。陸でいえば、東のロシア、西のフランスという大国に挟まれている。自国と同等か、それ以上の国力を持つ国が東西に近接して存在する宿命である。しかも、国境付近には天然の要害となるような大山塊の山脈や大沼沢地、あるいは間を隔てる海といったものがない。東部（例えば、ポーランドは長らくロシア領だった）は見渡す限りの大平原だ。西部は平原と林と丘陵があるばかりである。東西から挟み撃ちされれば、勝てる道理がない。

　プロイセンが世界に先駆けて、常設参謀本部を創設したのも、参謀部の構成を作戦、情報、後方の三部門制度をとり、作戦部の発言力を情報、後方のそれに比べ大きくしたのも、この地理的不利によるものと筆者は考える。

　正々堂々と四つに組んでの戦いは難しい。知恵を絞っての、綱渡り的作戦が不可欠だった。第一次大戦の前、シュリーフェン参謀総長の考案したいわゆる「シュリーフェン・プラン」は、この綱渡り的なものの典型だ。西部戦線の右翼にほぼ全兵力を集中し、一気にフランスを陥落させ、返す刀で東部戦線へ迅速な大移動を行ってロシア軍にあたる、というものだ。

　兵力の迅速な東西間移動のため、モルトケ参謀総長は鉄道網の整備に尽力した。陸大の最優秀卒業者を主要鉄道管理局に配置し、鉄道を使った演習を繰り返した。新規鉄道敷設に関しては、参謀本部の許可が必要だった。ヒトラーは世界初の自動車専用道路アウトバーンを建設すると同時に、自動車産業を興そうとした。その成果の一つがフォルクスワーゲンだ。長期戦になれば、国力を消尽してしまい、勝利はおぼつかない。短期決戦型の電撃作戦（Blitzkrieg）を考案し、戦車師団と空挺師団による統合作戦を考え出したのも、ドイツの地理的不利を何とかしようとした苦し紛れ、といえなくもない。

　海上でも同様だった。世界一の大海軍国英国が目の前に存在する上、地理的にも北海の袋の中のねずみの如き立場にあるのがドイツだ。ドイツはバルト海と北海に面している。バルト海は内海。北海のどん詰りにドイツがある。大西洋に出るには北海を北上して、英国のシェトランド諸島とオークニー諸島の間を抜けねばならぬ。オークニー諸島のスカッパフローには英海軍の根拠地がある。平時でも、オランダ沖を通って、ドーバー海峡、イギリス海峡を経なければならない。この海上の地理的不利が、新大陸貿易や世界通商への参入に遅れをとる原因となった。戦時になり、北海が英海軍に封鎖されれ

シュリーフェン

ば、中立国スウェーデンからの鉄鉱石や原材料の輸入ができなくなる。せいぜい、バルト海を利用しての貿易に制限される。

5．第一次世界大戦

（1）第一次大戦の勃発とドイツ陸軍

　ティルピッツ海相は英国との戦争を避けたがっていた。英艦隊に比べ、ドイツ艦隊は今の時点では、牽制戦力以上のものでない。海軍力劣勢と併せて、ドイツの地理的不利（陸でも海でも）は決定的だった。北海のどん詰まりに位置するドイツに対し、英国は容易に海上封鎖が可能で、物資がドイツに入るのを妨害できる。このような地理的不利が、新大陸やアジアとの通商だけでなく、海外植民地獲得競争に遅れを取った原因だった。

　ティルピッツ海相の願いも空しく、第一次世界大戦が勃発する。

　1914年6月28日、ボスニアの首都サラエボでオーストリア皇太子夫妻が暗殺された。この事件が口火となって、独露間、独仏間が戦争状態となり、8月4日英国がドイツに宣戦し、第一次大戦が始まった。

　ドイツは、西部戦線の右翼に兵力を集中して一挙にフランスに進出し、パリを陥落させ、返す刀で、再びこの集中兵力を疾風枯葉を巻くが如く東部戦線に移動させロシア軍を撃つ、というシュリーフェン・プランを実行しようとした。しかし、フランス軍は開戦1ヵ月後にマルヌ川の線でドイツ軍の進撃を阻止し、以降、塹壕戦となって戦線は膠着した。

　東部戦線では、開戦直後の8月26日から30日にかけて、第8軍（司令官ヒンデンブルグ、参謀長ルーデンドルフ）は東プロイセンのタンネンブルグで大勝した。作戦参謀マックス・ホフマン少佐の巧みな作戦案によるところが大きかった。ホフマン少佐は日露戦争時、観戦武官として日本軍側から対ロシア戦を観戦して大いに得るところがあり、この時の体験を生かした作戦案であった。

　西部戦線では、一進一退が続いた。第一次大戦開戦時の参謀総長小モルトケ（普仏戦争時のモルトケ参謀総長の甥）の後を継いだファルケンハインも西部戦線突破ができず辞任し、後任はタンネンブルグ戦の英雄ヒンデンブルグとなり、参謀次長はルーデンドルフとな

ヒンデンブルグ　　ルーデンドルフ

った。以降、ドイツ陸軍はこのコンビによって作戦指揮される。

　開戦2年目の1916年、ドイツ軍はベルダン要塞への大規模な攻撃作戦を行った。2月から6月にわたった攻防は決着がつかず、英仏軍は逆に7月から11月にかけてソンム川から北海に至る全線で攻撃作戦をとった。この作戦には初めて戦車と飛行機が投入された。11月の雨季に入って戦線は停滞する。

（2）第一次大戦とドイツ海軍

　戦時に艦隊を動かすのは皇帝に直属する艦隊総司令部であり、艦隊指揮官人事も皇帝直属の内閣官房である。艦船建造予算を巡って帝国議会と協議し、効率的建造計画を遂行したティルピッツ海相は、海軍作戦を指揮する立場にはなく、戦争の裏方に甘んじるしかなかった。

　第一次大戦勃発時のドイツ大洋艦隊司令長官は、決断型でもなく先頭に立っての部下鼓舞激励型でもないと評されたフリードリヒ・フォン・インゲンオールだった。しかし消極的なインゲンオールは更迭され、ポール提督に代ったのだが、そのポールも健康問題で更迭となり、フォン・シェーア（Reinhart von Scheer、1863～1928）が司令長官となった。シェーアは直ちに、トロータとレベツォフを参謀長と作戦参謀に任命し積極戦略をとろうとした。このような背景から主力艦隊の決戦を挑もうとして起ったのがユトランド沖海戦である。しかしこの海戦は引き分けとなった。

　ティルピッツ海相は全艦隊の早期出動、無制限潜水艦戦を主張したが、艦隊を指揮するウイルヘルム2世や海軍総司令部は、優位な英艦隊と決戦して艦隊を失うことを恐れて、ユトランド沖海戦の後は艦隊をウイルヘルムスハーフェンに停泊させたまま出動させなかった。また、無制限潜水艦戦は、米国の参戦を恐れる政府内部の反対があり、ティルピッツが辞任した1916年以降の1917年まで実行できなかった。

　第一次大戦でのドイツ海軍は、地理的不利に加え、英海軍に比べ戦力が劣勢、という根本的問題を抱えていた。

　ドイツの唯一の外洋への出口である北海を封鎖されると、海上からの原材料輸入が大きく制限されしまう。同時に、英国の海上交通線（主として大西洋と地中海）破壊活動が困難になる。第一次大戦勃発の際、ドイツ嫌いの米国マハン海軍大佐はいち早く海上封鎖作戦を新聞紙上で発表してい

る。ちなみに、この時の戦訓から第二次大戦でのドイツは、デンマークとノルウエーを占領して、英海軍の北海封鎖作戦に備え、フランスを占領して大西洋沿岸に基地を確保して英国海上交通線破壊の根拠地とした。

英海軍との戦力格差について、大洋艦隊司令長官シェーアはUボートで対処することを考え、Uボート450隻の大増強計画を作ったが、物資不足で実現は不可能だった。ちなみに第二次大戦では、レーダー海軍総司令官の後任として海軍のトップになったデーニッツはUボートを徹底的に活用した。しかし、両次大戦ともドイツ海軍の潜水艦戦への転換は遅すぎた。

第一次大戦では優勢な英海軍は北海を封鎖した。このため、海外植民地や中立国からドイツへの物資が途絶えるようになった。

フォークランド沖海戦（1914年12月）やユトランド沖海戦（1916年5月）はあったが、英国から制海権を奪うことはできなかった。ドイツ海軍は英海軍優位の前に大規模な作戦行動がとれず、1917年、米参戦のリスクを承知の上で、戦争当時国、中立国輸送船を問わず無警告攻撃を行う「無制限潜水艦作戦」を開始した。

米船や米人の被害に神経を尖らせていた米国は2ヵ月後の1917年4月に対独宣戦。これがドイツ軍と英仏軍の均衡を破るきっかけとなった。米国からの物資が英国側に流れ、米国から欧州大陸に200万の大軍が入った。

開戦2年目の1916年7月、シェーアは「水上艦決戦では英国を屈服させることはできぬが、Uボートを積極的に活用すれば英国に勝てる」と皇帝に報告した。

しかし新兵器の潜水艦の戦力は疑問視されていた。せいぜい、港湾防御兵器くらいにしか考えられていなかったが、ドイツ潜水艦のエース達の活躍によって、大きな潜在戦力が判るようになった。

偵察艦隊司令官ヒッパーは艦隊決戦を望んだが希望は叶えられなかった。

1917年2月、交戦国商船だけでなく中立国商船でも無警告攻撃するUボートによる無制限潜水艦戦が決定され、これが米国の参戦を導く結果となった。以降、ドイツの戦艦や巡洋戦艦といった大型艦は英海軍との決戦を避けて、ウイルヘルムスハーフェンやキールの軍港から外へ出ず、小型水上艦は機雷敷設艇やUボートの護衛役になっていった。

戦艦を中心とした主力艦隊が英艦隊との戦闘に参加せず、軍港に長く停泊していれば、士気にも影響する。水兵の不平を左翼勢力が煽るようにな

り、やがてこれが水兵のストライキに繋がっていった。

　海軍内では、戦艦中心論者とUボート論者の対立が激しくなっていった。

コラム　潜水艦の原型を作ったホーランド ・‐‐‐‐‐‐‐‐‐‐‐‐‐‐‐‐‐‐‐‐‐‐‐

　　現在の通常型潜水艦の基本は、①側面タンクに水を入れて沈み、水を排出して浮かび、②水上ではガソリンエンジン（後にはディーゼルエンジン）で航行し、水中では電池で動き、③主要武器は魚雷、という3つの原理を持っている。この3原理を持った潜水艦の実用試作品を作り、ホーランド・トーピードボート社を創業したのは、アイルランド人のジョン・P・ホーランドである。ホーランドのことは本文で少し述べたが、ここで詳しく説明する。両次大戦でのUボート艦隊の理解に必要と思われるからだ。

　　1841年にアイルランドの寒村に生れ、第一次大戦勃発の年、1914年に死んだのがホーランド。アルフレッド・T・マハン米海軍大佐もアイルランド系米人として1845年に生れ、同じ1914年に死んでいるから、同時代人である。

　　アイルランド独立運動に血を沸かす機械いじりの好きな青年ホーランドは、小学校教師になったが、授業で何時間も機械の話ばかりするのでクビになった。当時、主食のジャガイモが不作で、人口900万のアイルランドでは250万人の人口が減る惨状だった。250万人の半分は餓死、半分は新大陸アメリカへ一文無しの身一つで渡った。

　　年貢を払えないアイルランド人小作の家の草葺屋根を、英人の地主は剥がして住めないようにして追い出した。

　　1872年にアメリカに渡ったホーランドは、潜水艦のアイデア実現に生涯をかけた。ホーランドはアイルランド独立を熱望していたが、アイルランドを植民地として支配する英国の強大な海軍を従来型艦船で潰すことは難しい、英海軍を撃破し得るのは新しい概念の潜水艦しかないと考えた。英国からの独立秘密結社「アイルランド革命兄弟党」がアイルランドで結成されたのは、ホーランドが17歳の1858年。この年、同じ目的の秘密結社「フェビアン」も米国で結成されている。

　　これらの秘密結社は、ホーランドのアイデアを歓迎して、試作品製造のための資金を募集してくれた。1876年、33インチの模型を作り支援者の前で説明。1878年、長さ14フィート6インチ、高さ2フィート6インチの亀のような試作品を作り、ニュージャジー州のパサイック川で試運転した。製造に要した4,000ドルはフェビアンが出してくれた。しかし、試運転は失敗。海水の浮力計算だったので、真水の川の浮力とは異なっていたのだ。2気筒のガ

ソリンエンジンも駄目になってしまった。

フェビアンは、英艦隊をやっつけるための機会だとして、更に2万ドルを提供。1881年5月、試作艦（長さ31フィート、幅6フィート、15馬力のガソリンエンジンによるスクリュー式、3人乗り。水中では圧搾空気を使ってエンジンを動かし、バラスト孔から排気）が進水した。

1888年、米海軍長官の肝いりで、潜水艦コンテストがあり、ホーランドの試作品が優勝したものの、水上15ノット、水中8ノットの海軍の要求は無理であった。この速度は、第二次大戦中のUボートの代表的なUVII型と同じ速度である。海軍の関心も水中から水上に移っていった。ホーランドは経済的に困窮して、港湾の底浚い会社で日当4ドルの仕事に就いた。

クリーブランドが再び大統領になると、第3回の潜水艦コンペが開かれた。その1ヵ月前の1893年4月、ある弁護士（父が富豪）から、潜水艦製造会社設立の資金提供の申し出があり、ジョン・P・ホーランド・トーピードボート社が設立された。

当時の米海軍は、潜水艦は沿岸防衛に役立つと考えていた。議会を説得して潜水艦コンペの試作艦のため20万ドルの予算が認められた。ホーランドはこのコンペに参加して優勝した。

1895年3月、海軍省より、80フィート、168トンの潜水艦を受注。2年後の1897年に進水。しかし、海軍省のあまりに過大な修正要求に、ホーランドは熱意を失ってしまい、結局失敗してしまう。ホーランドは自分の会社のリスクで思う通りのものを作ろうと考えた。

1897年5月、ニュージャージー州エリザベス港で葉巻型の潜水艦が進水した。長さ53フィート、幅10フィート、水上63.3トン、水中74トン、45馬力ガソリンエンジンで、水上8ノット、水中5ノット（水中の動力はバッテリー（電池）式、18インチの魚雷発射管1門）。1898年の聖パトリック日にステーター島で処女航海を行い、海軍省からも見学者が来た。

1898年4月、セオドア・ルーズベルト海軍次官（後、日露戦争当時の大統領）はロング長官にこの潜水艦の購入を勧め、1900年4月、海軍省は15万ドルで購入した。米海軍所属潜水艦の第1号で「ホーランド」と命名された。

ホーランドは、当時の最新技術である内燃機（1884年に独人ダイムラーがガソリンエンジン発明）と、魚雷（1886年に英人ホワイトヘッドが魚雷発明）を使用して実験艦を造った。

第一次大戦勃発直後の1914年8月、ホーランド死去。

(Holland's Hallands: An Irish Tale, by Richard Conpton-Hall, US Naval Institute *Proceedings*, 1991, Feb. pp.59-63)

| コラム | 第一次大戦のドイツ潜水艦のエース |

　開戦の年1914年9月22日、潜水艦U9号（艦長ウエッジンゲン大尉）はオランダ沖で魚雷攻撃により、1万2000トン級の英戦艦アブーカ、ホーグ、クレッシーの3艦にそれぞれ魚雷1本、2本、2本を命中させ、各艦を1時間にも満たぬ間に海底に沈めた。

　U-35号艦長フォン・アーノルド・ペリエール少佐は、1916年の24日間で54隻、計9万トンの商船や艦を沈めた。毎日平均して2隻強を沈めたことになる。その後も、ペリエール少佐はUボート艦長として、合計194隻、45万4000トンの商船と艦船を沈めた。この記録は第二次大戦でも破られていない。

　U-39号のフォルストマン大尉は、主として地中海方面で38万トンを沈めた。第二次大戦初期、ドイツ潜水艦隊を指揮し、後期にドイツ海軍総司令官となったデーニッツ元帥は、中尉時代、U-39号のフォルストマン艦長の下、地中海で戦っていた。

　　　ウエッジンゲン　　　　　ペリエール　　　　　フォルストマン

（3）ロシア革命とドイツ軍港での水兵の反乱

　戦争の長期化とともに食料不足などで国民生活が極度に窮迫していたロシアでは1917年3月8日、首都ペテログラードでパンを求める民衆の騒ぎと、繊維工場労働者のストライキをきっかけに3月革命が起った。

　労働者と兵士がソビエト（労兵評議会）を組織し、ゼネストとなった。ペテログラードの守備兵士が労働者の側に立ったことで革命は決定的となった。3月15日ニコライ2世は退位し、300年にわたるロマノフ王朝は倒れた。その後、臨時政府とソビエトの二重権力構造にあったが、亡命先のスイスから帰国したレーニンらによる蜂起呼びかけにより、11月6日から7日にかけて、共産党部隊がペテログラードの要衝を占領して臨時政府を倒し、

世界初の共産主義革命を成功させた。レーニン主導の共産党独裁政権が誕生したのは、1917年11月である。

　ドイツは産業の工業化により人口が増え、必要食料の３割を輸入するようになっていたが、長期戦による影響で東のロシアから食糧は入らなくなり、海上からの食料輸入は途絶えた。食糧不足による飢えがドイツ国民の間に厭戦気分を蔓延させた。そこにロシア革命の成功も伝わってきた。

　1918年1月28日大衆ストライキが起り、ベルリンだけで50万人が参加した。1月30日には戒厳令が公布され、数万人の活動家が逮捕・拘束された。

　3月3日、ソ連が大幅譲歩したブレスト・リトフスク条約で独ソ間の講和が完成する。ソ連と停戦したドイツは、東部戦線の兵力を西部戦線に移動させ、1918年春に至って大攻勢をかけたが、米軍参戦により強化された連合軍はこれを食い止め、7月には反撃作戦に転じ、ドイツ軍の敗色が濃厚になった。

　1918年10月4日、ドイツではマックス・フォン・バーデン内閣（「挙国一致型内閣」。社会民主党員も入閣）を成立させ、政府内で休戦の検討を始め、連合国に休戦を申し入れた。

　戦局は絶望的になった。前線で緊張を強いられる部隊では紀律はなんとか保たれたが、不断の戦闘による物や精神の重圧を受けず、ロシア革命や左翼労働者の影響を身近に受けていた後方の部隊では軍紀が緩んでいった。その典型的部隊が大洋艦隊だった。艦隊温存を望むウイルヘルム２世の考えにより、決戦場に出撃することもなく、キールやウイルヘルムスハーフェン軍港で何をすることもなく停泊していた大洋艦隊で軍紀が崩壊した。

　バーデン内閣が発足して半月後の10月30日、ウイルヘルムスハーフェン軍港の大洋艦隊に出撃命令が下った。この出撃命令に、巡洋艦チューリンゲンとヘルゴランドの水兵が拒否するという事件が起った。10月4日に成立したばかりの新内閣が連合国との講和を打診しているのに、このような絶望的出撃命令が強行されれば平和への期待が遠のく、というのである。水兵たちは消火器を持ち出し、機罐の火を消した。出撃命令の都度、同じことを繰り返した。水兵達は「戦争が終ろうとしているのに、なぜ我々が犠牲になるのか」と、他艦の水兵にも出撃命令の拒否を呼びかけた。水兵達は逮捕され、拘禁された。

　ヒッパー偵察艦隊司令官は11月2日の日記に「これは、共産主義者の政

府に対する革命だ」と書いた。シェーア大洋艦隊司令官は、参謀をキール
の海軍総司令部に派遣して「信頼できる軍隊が紀律確保のため、キール軍
港とウイルヘルムスハーフェン軍港に派遣される予定」と伝えさせたが、
これは実現しなかった。

　ウイルヘルムスハーフェン軍港の水兵反乱がキール軍港に飛び火した。
11月3日、逮捕された仲間の釈放を要求する水兵がキール軍港野外練兵場
に集まった。この集会に海軍工廠工員ら数千人の労働者が加わり、市街デ
モ行進となり、海軍巡察隊とぶつかった。

　海軍巡察隊隊長シュタインホイザー少尉はデモの解散を命じたが、デモ
隊は応じない。少尉は発砲を命じ、9人が死亡、29人が負傷した。水兵も
小銃で応じ、シュタインホイザー少尉も射殺された。翌4日、キール軍港
の某艦のマストに赤旗が掲げられたのを機に、他艦もこれに続いた。巡洋
艦ケーニッヒ艦上では、軍艦旗を赤旗に換えようとする水兵に将校が発砲
し、水兵一人が死んだ。水兵達はこの時、艦長と将校一人を射殺し、一人
を傷つけた。

　それぞれの艦にはレーテ（評議会）が組織された。「レーテ」はロシア
語の「ソビエト」のドイツ語訳である。武装した水兵は兵士レーテの命令
の下に上陸して軍刑務所を占拠、仲間を解放した。海軍工廠工員も水兵の
反乱に合流して、労働者・兵士レーテが作られ、キール市を支配した。

　キール軍港の水兵反乱が成功したと伝えられると、各地の軍港で同じよ
うな動きが起り、内陸へと伝わっていった。11月8日になると、ベルリン
を除くほとんどの大都市が労働者・兵士レーテの支配下に置かれた。

　11月の第二週にはキール軍港に続いて、ウイルヘルムスハーフェン軍港
に革命騒ぎが起こり、これがベルリンに波及した。11月9日、シェーア大
洋艦隊司令官は皇帝に「海軍はもう頼れない」と奏上した。

　大洋艦隊が発火点となった革命騒ぎはドイツ全土に広がった。そのため
海軍が革命の主唱者となり、革命の宣伝機関となった、と非難された。

　紀律の大規模な崩壊の原因は、大洋艦隊が無為に軍港に留まっていたた
め、水兵が艦を離れて上陸する機会が多くなったことにあった。海洋が任
務領域の大洋艦隊が無為に軍港に留まることは、水兵の団結と精神訓練に
はきわめて問題だった。また、海軍工廠労働者への左翼政党の働きかけの
影響も大きかった。

日本でも、太平洋戦争開戦の前年に海軍大学校戦略教官に任命された富岡定俊少将（開戦時軍令部第１課長）は、対米戦争を始めたと仮定して、食料や衣料、石油、そして国民の戦意の変化が真っ先に頭に浮かんだ。富岡は国力のパワー・リミット（限界）を分析しようと思ったが、基本データがなかった。そこで、海軍大学校のスタッフを使ってデータを収集した。一番参考になったのが戦史だった。第一次大戦末期におけるドイツ国民の戦意崩壊過程が最も切実に感じられ、食料配給などが平時の半分以下になれば必ず敗戦となるとの結論を得た。

（４）ドイツ敗戦

　11月9日、ベルリンで小銃やピストルで武装した労働者のデモ隊が、刑務所、駅、郵便局を占拠した。警官隊はデモ隊に恐れをなして逃げ、鎮圧のために動員された兵士も発砲しなかった。バーデン首相は辞任し、11月9日には共和国宣言が行われ、社会民主党のエーベルトが共和国首相となった。

　11月10日早朝、ウイルヘルム２世は特別列車でベルリンを出発し、オランダ国境に向かった。オランダに亡命した皇帝はドールン城に移り、第二次大戦勃発２年後の1941年に82歳で死ぬまでここで過ごした（石出法太『世界の国ぐにの歴史——ドイツ』岩波書店、1991年）。

　共和国政府は11月11日、北フランスのコンピェーニュの森で連合国と休戦条約に調印した。この条約によって、ドイツは領土の13.5％、人口の10％、鉄鉱石の４分の３以上、石炭の３分の１、耕地の15％を失い、ドイツ経済は致命的打撃を受けた。これに追い討ちをかけたのが、1921年にロンドンで開かれた旧連合国会議で決まった賠償金1,320億金貨マルクだった。これはドイツが到底履行できない金額だった。

　天文学的数字の猛烈なインフレがドイツ経済を崩壊させ、ドイツ中堅層を消滅させた。

　ベルサイユ条約により、敗戦後のドイツの軍備は、陸軍10万人、海軍１万5000人（艦艇36隻）とし、潜水艦と軍用飛行機の保有は禁止された（野村修編『ドキュメント現代史２、ドイツ革命』平凡社、1972年）。

　ティルピッツは辞任後、1917年に「ドイツ祖国党」結成に参加し、戦後

は「ドイツ国家人民党」の国会議員となったが、1930年死去。享年81。この年、ナチスは議会選挙で第2党となり、2年後の1932年の選挙では第1党となった。ヒトラー内閣が成立するのは1933年1月である。

　ティルピッツが精力を集中した人生の華の時代は海軍大増強に励んだ海相時代の19年間だった。海相辞任以降のティルピッツは華やかな舞台に立つことはなかった。

第2部

第一次大戦敗戦から
ナチスドイツの誕生と第二次大戦勃発まで
――ドイツ海軍を率いたレーダーとデーニッツ――

1．敗戦後の混乱を乗り切ったレーダー提督

（1）エーリッヒ・レーダーの人物像

　エーリッヒ・レーダーは1876年4月、ハンブルグ近郊で生れた。プロイセン王国を中心に諸王国が統合したドイツ帝国誕生の5年後であった。父ハンスはギムナジウムの英語・仏語の教授。後に名門フリードリヒ・ウイルヘルム校の教頭になった。ギムナジウムは数少ない進学高校で、世間から受ける尊敬を考えると、日本のかつての一高（東京）、二高（仙台）、三高（京都）といった旧制高校のような存在である。母は宮廷音楽団員の娘で、レーダーは三人兄弟の長男だった。弟二人は第一次大戦中に東部戦線、西部戦線で戦死している。最初の妻と離婚したレーダーが再婚した相手は弟の婚約者だったが、個人的なことを一切語らなかったので、詳しいことは分っていない。

　父は典型的な権威主義者だった。幼少時より、常に服従を期待され、神を恐れること、真実を愛すること、清潔であることを叩き込まれた。これはレーダーの人格形成に大きな影響を与えた。後に、ドイツ海軍のトップとなった彼は、海軍士官に権威への絶対的服従を求めるとともに、政治・信条を超えて、何よりも国への関心と忠誠を求めた。ホーエンツォレルン家の帝政時代には皇帝（Kaiser）に、第一次大戦後の共和国時代には大統領に、ナチス時代には総統（Führer）に忠節であろうとした。

　海軍の団結と独立のために力を振り絞り、政治とは常に一線を隔したレーダーは、第二次大戦の敗戦で入獄している。出所後、自叙伝『わが生涯

（Mein Leben）』を執筆した。その中で、「私は海の人で兵士だったが、政治屋ではなかった（Ich war Seemann und Soldat, aber nicht Politiker）」と書いている。彼の一生を一行で書き表すとすれば、全くこの通りだと筆者は思う。

　ギムナジウム時代には、級友が教頭だった父を批判したり反発したりすることがあり、難しい立場に立たされることがしばしばあった。後に、個人批判や専門問題批判に神経過敏になるレーダーの性格はこんなと

レーダー

ころに原因があるのではないかと推測する人もいる。

　几帳面で、記憶力に優れ、眉目秀麗な秀才少年で、ギムナジウムでは、歴史、地理、近代政治史、外国語に関心を示した。

　海軍士官レーダーは一言でいえば、能吏の海軍官僚であった。官僚に求められるのは、権威への従順と、中庸、几帳面、記憶力である。上官からは、副官や参謀として重宝な人物という評価を得た。海軍という官僚組織のピラミッドを駆け上っていったのは、こうした才能と性質によるところが大きかった。

　少年時代のレーダーは、漠然と陸軍軍医になろうと考えていた。しかし、士官候補生を乗せた練習船ハインリッヒ号の世界一周を描いた本を読んでから、海軍を志望するようになった。ギムナジウム卒業試験の2週間前に父に希望を話すと、父は賛成してくれた。永年息子を見てきた父は、軍人の資質を認めたのだろう。

　この話から、筆者は米海軍マハン大佐のことを思い出す。マハンの父はウエストポイントの名物教授（数学、土木の主任教授。戦略論も担当した）だった。少年向けの海洋小説を読みふけったマハン少年は海軍士官を希望するようになり、父に希望を伝えた。父は「お前は軍人向きでない。牧師か弁護士のような知的職業に向いている」と反対したが、結局本人の希望を認めた。生涯、軍人の卵の教育に従事した父の観察は鋭かった。マハンの生涯を眺めると、知的頭脳の点では抜群だが、偏狭・孤高型の彼は軍人向きの人ではなかった。退役後、「海軍に入ったことを後悔していないが、父のいったことは正しかったと思う」と自叙伝に書いている。

　レーダーは締切期限を過ぎてから志願書を提出したのだが、なぜか許されて合格し、1894年4月、キール軍港にあった兵学校（Marineschüle）に入校した。第二次大戦中、米統合参謀長会議議長だったリーヒ米海軍元帥、ロンドン海軍軍縮会議締結当時、海軍次官だった山梨勝之進中将と同じ年に海軍に入ったことになる。

　野心家皇帝ウイルヘルム2世が即位して7年目、マハン大佐の『海上権力史論』の出版より4年後のことであった。

　70人の新入校生は6週間の厳しい歩兵訓練の後、2隻の練習帆船に分かれてバルチック海から西インド方面へ航海した。英海軍を模範としたドイツ海軍の士官養成方法は、主として海上航海によって行った。地上の校舎

での教育は補充的なもので、これは英海軍式であって、このやり方は第二次大戦まで続いた。

レーダーの少尉任官は1897年。少尉時代には皇帝の弟ハインリッヒ親王、マキシミリアン・フォン・シューペ（第一次大戦で巡洋戦艦艦隊を率いて活躍）、ゲオルグ・フォン・ミューラー（後に海軍省人事局長）の副官を経験した。挙止端正・几帳面・従順なレーダーは副官に向いていると評価されたのだと想像される。

海軍に入った1894年当時、マハンの『海上権力史論』はドイツ海軍関係者の間で話題の本だった。ウイルヘルム2世が艦に必ず独訳本を備えるよう命じたからである。

皇帝の強い意向でティルピッツが海相に就任したのは1896年。ティルピッツがマハンから受けた影響は、国際関係や海軍戦略や軍事作戦の分析ではなく、シーパワー哲学への強調だった。海相就任の年の6月、彼は日記に「現時点での最も危険な敵は英海軍だ」と書き、また「世界列強は強力な艦隊と切り離しては考えられない」と発言した。ティルピッツ発言からちょうど40年後の1936年、レーダーは「列強間における国家威厳の程度はシーパワーの規模と同一である」というスローガンを掲げている。

マハンのいうシーパワーとは、艦船を中心とする海軍兵力だけではなく、商船隊・漁船団、造船所施設、人材、港湾、あるいは海洋への地理的特色などを総合したパワーである。

ティルピッツが海相のポストについてから、第一次世界大戦を経て第二次大戦の敗北までの50年間はドイツ海軍の目標は英海軍だった。英海軍に勝る艦隊の建造を究極の目標とした。ティルピッツの場合は第一次大戦まで、レーダーの場合は第二次大戦まで、その目標に邁進した。しかし、時間、資金、資材、工業力、マンパワーが及ばなかった。ティルピッツもレーダーも、レーダーの後を継いだデーニッツも英海軍と戦い、敗れた。

1903年、キールにある海軍大学に入学し、この年結婚した。父が英語、仏語の教師だったからか、外国語を得意とし、海大時代フランス海軍ダベリー大佐の『海軍戦術』を独訳し、その後ダベリー大佐との文通を長く続けた。ロシア語を学び、3ヵ月間ロシアに出張してロシア語に磨きをかけたのは日露戦争の真最中だった。

レーダーは海大を1906年4月に卒業して、海軍省広報部に配属となった。

膨大な予算を食う建艦のためには国民の理解が不可欠と考えたティルピッツは、海相就任早々広報部を創設した。６年前の1900年に、毎年戦艦を３隻建造するという海軍計画があったが、これを毎年４隻（予算として35％アップ）に増やす法案をティルピッツは作った。

これを説明し、理解を得ることが当時の海軍の重大事項だった。外国語に堪能なレーダーは海軍関連の外国紙や外国雑誌のニュースや評論を読んで要約を作ったほか、海軍機関誌や年報の編集もした。

1907年の海軍年報の編集で、皇帝より赤鷲勲章（４級）を拝受した。最初の勲章である。

仕事柄、レーダーはティルピッツ海相と時間を共にする機械が多かった。当時、予算を審議する帝国議会では、社会民主党（SDP）が侮れぬ力を持ちつつあった。ティルピッツ海相の議会演説第一次草稿も見たレーダーは、ティルピッツにはマハンの思想と社会進化論（国際社会や一般社会での適者生存、優勝劣敗の考え）の思想の影響が大きいと感じた。

広報部で２年半勤務した後、レーダーは装甲巡洋艦ヨークの航海科士官を経て、皇帝の個人ヨットであるホーエンツォレルン号乗組となった。ちなみに15年前の1884年８月、ウイルヘルム２世はマハン大佐をホーエンツォレルン号に招いて歓迎昼食会を開いている。マハンが欧州派遣艦隊旗艦シカゴ号艦長として英国に滞在していた時のことである。

前述したように、レーダーは皇帝の弟ハインリッヒ親王（海軍士官）の副官を務めたこともある。当時の海軍士官の出世コースは、ティルピッツ海相の下で仕事をし、さらに選抜された10人前後が皇族や首相に直接仕えるというコースだった。ホーエンツオレルン号乗組となって、皇帝に親しく接する機会を得たレーダーは、この皇帝を国家意思のシンボルと考えるようになった。第一次大戦の敗戦で皇帝がオランダへ亡命した後、1941年に死去するまで、レーダーはウイルヘルム２世と接触を保っている。

1912年、偵察艦隊（司令官　グスタフ・フォン・バックマン提督）の作戦参謀になった。この艦隊は偵察とともに、戦艦艦隊の先頭に立つ高速部隊である。英国による北海通商封鎖にどう対処するかが作戦参謀の研究課題であった。新兵器である機雷、潜水艦、魚雷、沿岸の長距離砲をどう活用するか。第一次大戦直前の1913年10月、バックマンに代って、フランシス・フォン・ヒッパーが司令官となってからも、引き続いて参謀として仕えた。

ヒッパーには参謀の経歴はなく、そのポストも望まなかった。海軍省での政治関連事項や政治的立ち回りにも関心がない、精力的で遅疑逡巡しない決断の人だった。ペーパーワークを嫌い、これをレーダーに委ねた。参謀の数が増えるのも嫌った。

　艦隊では、迅速な決断と実行力が要求された。発火信号、信号旗、無線通信を担当するレーダーの責任は重かった。発火信号と信号旗は、曇天、霧、夜間に問題があり、無線通信は機能と信頼性が十分でなかった。

（2）第1次大戦後の混乱期

　敗戦後の政治経済は混乱を極めた。戦争中の1916年初頭、ローザ・ルクセンブルグらによる急進左派「スパルタクス団」が結成され、敗戦直後の1918年12月30日、ドイツ共産党創立大会が開かれた。

　1919年の初めには、ルクセンブルグらは武装蜂起したが、失業軍人らを中心とする義勇軍と衝突し、ルクセンブルグは殺され、蜂起は鎮圧された。

　国民議会の選挙が行われ、議会は1919年8月ワイマール憲法を制定し、初代大統領に社会民主党のエーベルトが選ばれた。その後も、共和国派大臣の暗殺、急進左派の蜂起などが相次いだ。1919年には帝政派将校のクーデターがあり、右翼政治家カップが首相になるが、クーデターは5日間で失敗した。

　ウイルヘルムスハーフェンやキールの軍港にも水兵協議会ができて、士官の指示、命令に従わないようになった。愛国主義、反革命、反ユダヤ、反共を掲げた義勇軍も各地につくられ、義勇軍や武装した労働者の前に共和国政府は無力であった。海軍の将校団も崩壊の惨状となり、ティルピッツすら匙を投げるようになった。

　ベルサイユ条約によるドイツ兵力の弱小化政策は、レーダーらにとって想像以上に過酷なものだった。敗戦翌年の1919年6月、残存主力艦は英海軍根拠地のスカッパフローで沈められ、「レーゲンスブルグ」級軽巡洋艦5隻を含む最新型艦艇は賠償として引き渡された。

　こうした混乱の中でレーダーは考えた。党派、党略の抗争に明け暮れる議会制政治は駄目だ。国民に支持された保守政権か独裁政権が必要だ。レーダーは帝国海軍時代、多分に情緒的ではあるが、父祖以来のドイツの伝統に価値を置いてきた。ウイルヘルム2世は艦隊建造への最も強い主唱者

だったから、海軍との結びつきは強かった。敗戦後も前皇帝ウイルヘルム２世と接触している退役士官から定期的に前皇帝関連の情報を得るようにした。前皇帝の弟ハインリッヒ公とは緊密な交流を続け、ヘンメルマルクにある公の館を訪ねることもあった。

　戦いに敗れ、ワイマール共和国に忠誠を誓っていたレーダーは君主制論者ではなかったが、強力な指導力を振う指導者がいない限り、国論が分裂して、国力の増進、軍事力の強化は望めない、と考えるようになった。

　1925年、エーベルト大統領が死んだ。第一次大戦初期にタンネンベルグの戦いで大勝し、その後参謀総長となり、軍の作戦を指導したヒンデンブルグがこの年４月に大統領に当選した。ヒンデンブルグこそ、敗戦で混乱を極めるドイツの救世主となるだろう、とレーダーは考えた。

　レーダーは第一次大戦後、海軍に残った。将来、海軍が再建されるだろうと考えたからだった。それでも、敗戦の責任者として海軍を離れざるを得ない場合を考え、フンボルト大学の会計学博士課程で会計学を学んだ。いざ、という時に備えたのである。

　海軍に復帰し1920年7月、レーダーは戦史部海軍資料課長となり、第一次大戦中の巡洋艦戦史を研究した。それまでのレーダーは巡洋艦、偵察艦隊勤務を経て、1897年から98年にかけての極東派遣艦隊時代にはマキシミリアン・フォン・シューペ伯爵に副官として仕えていた。

　レーダーの研究は「海外における巡洋艦戦」と題して第一部が1922年に刊行された。これはシューペ率いる巡洋艦艦隊の1914年11月1日のコロネルでの戦闘勝利、同年12月の南米フォークランドでの敗戦を扱っている。そして、軽巡洋艦エムデン、ケーニヒスベルグ、カールスルーエ、ガイエルの海上通商線破壊を論じた第二部は1923年に刊行された。これらの著作の中で、レーダーは、シューペ艦隊が６隻の敵艦船と42隻の商船を沈めたことを記述し、Uボートの挙げた戦果と比べると少なかったが、海軍の士気と威厳に大きな影響を与えたと書いた。また、コロネルの勝利と軽巡洋艦エムデンの活躍は「英国海軍無敵の神話」を崩し、ドイツ海軍に自信とプライドをもたらすとともに、ドイツ海軍の経験と伝統不足を打破するのに役立ったとも記している。

　この研究に際しては、レーダーはティルピッツ元海相と定期的に書簡をやりとりしてティルピッツの考えを取り入れて記述することに努めた。19

21年7月10日付書信では第一部のゲラの論評を依頼し、特に第一章の海軍の（即ち、ティルピッツの）戦略への言及を頼んだ。さらに8月16日付書信では、ティルピッツの助言に感謝すると共に、海軍の敗北の原因は、政治屋、特に首相だったベトマンやホルベッグにあるとした。また、開戦後、ティルピッツが統一司令部の樹立を図ったことは理由があることだとし、統一司令部が設立され作戦案の調整が出来ていたならば、国内の大洋艦隊と海外の巡洋艦艦隊は全く別々のやり方で活用されていただろう、と結論した。

　レーダーは仏海軍のダベリーや英国のジュリアン・コルベットの著作を熟読した。第一部の第一章では、マハンの「主力艦隊による決戦主義」を引用しながらも、海軍戦略における巡洋艦戦の役割を否定しなかった。

　ティルピッツは敗戦翌年の回想録で、大洋艦隊はできるだけ迅速に戦場に赴くべきにも拘らず、ウイルヘルム2世の命令で動かせなかった、と書いている。

　レーダーは言う。弱小海軍国がどのようにして、戦力に優る敵と同戦力となって決戦を行うか。各海域で巡洋艦戦や商船攻撃戦をやって、敵戦力を分断させることが肝要だ。故に、巡洋艦戦力、商船攻撃戦力、主力艦戦力の各戦力の役割は、国家海上戦略の一分野として考えねばならぬ。これを考えれば、強力な主力艦隊が背後に無い限り、巡洋艦戦力は第二級の役割しかできない、とするティルピッツの考えに賛意を示した。また、ダベリーによる、商船攻撃戦は敵戦力の分割を可能にさせる——特に開戦直後の何ヵ月は——という考えも引用した。

　第一次大戦は英海軍力の優越性を示した。しかし、植民地間、植民地と

本国間との海上交通線に対し、分割した海軍戦力を張り付けねばならぬという海外植民地を持つ英国の弱点も暴露された。同時に、この大戦で、ドイツは地理的不利な条件と原材料や食料の弱さを痛感した。食料不足は前線と銃後の士気破壊に直撃した。近代戦は、経済力、産業力に大きく依存するようになった。クラウゼヴィッツの「戦争とは他の手段を用いた政治の継続に他ならない」という指摘をこの大戦は裏付けた。

クラウゼヴィッツ　　戦略は平時に作っておかねばならない。目標とか準

備は、政治的リーダーシップの役割で、平時に準備——艦隊の建造とか、必要な基地取得とか——が不可欠だ。

　総力戦（Gesamtkrieg）に勝利するためには経済戦（Wirtschaftkrieg）に勝たねばならぬ。

　1926年5月ユトランド沖海戦10周年記念日には、この著作により、キールのクリスチャンアルベヒト大学から名誉博士号を授与された。

　1926年7月海軍少将に昇進し、教育局長に補せられた。初級海軍士官になるための養成は、兵科将校はフレンスブルグの兵学校、機関科将校はキールの機関学校で行われていた。また、陸上の教育機関以外では、訓練船ベルリンと4本マストの訓練帆船ニオベを使用していた。これ以外に中級、高級の士官育成コースがなくては、ドイツ海軍は沿岸海軍に成り下がってしまう。

　レーダーの考えの基本は、「士官は生来の才能によるもので、訓練されて士官になれるものではない」だった。兵・下士官から士官への門を広げようとする政府方針には反対した。

　士官と下士官・兵の交流を疑問視するとともに、士官候補生と水兵の教育を同一的に行うのに反対した。

　欧州では階級制度が色濃く残っており、庶民が高等教育機関に進学することは現在も稀である。これはドイツでも英国でも同様だ。士官は貴族ないし、それに準ずる階層出身者がなるというのが厳然たる事実で、大部分の士官が庶民出身者の日米海軍とは様相が大分異なっている。もっとも、米海軍士官のほとんどは白人で有色人種はゼロに近かった。

　米海軍提督スプルーアンスの自叙伝では、米海軍は黄色人、黒人などの有色人は厨房以外は使わない、と書いている。他の部署で使うと、出世して白人を部下にもつようになる恐れがある。こうなれば、白人が承知しないからだ（渡部昇一「戦後史公開講座①」、『Will』2007年1月号）。第二次世界大戦中、米海軍トップだったキング元帥も同様な考えを持っていた（谷光太郎『アーネスト・キング』白桃書房、1993年）。

　アングロサクソンが主流で南欧系やユダヤ系も差別された。少なくとも、第二次大戦まではそうであった。原子力潜水艦の父といわれたリコバーはユダヤ系故に、兵科では芽が出ないと、途中で技術科に転身している。

（3）海軍再建への道

　海軍大学校はベルサイユ条約で廃校になっていた。大戦中の1916年より戦史部長だったエバーハルト・フォン・マンティは、戦史部での戦史記述作業によって、海軍大学に代って参謀将校の育成機関にしようと考えた。教育局長になったレーダーも同じ考えだった。

　士官の専門訓練継続が不可欠と考えるレーダーは艦の副長クラスを集めて、短期研修プログラムを作った。これは、1926年以降、海戦史、戦略・戦術、兵棋演習のコースとなった。レーダーも講師の一人となり、自分の海大時代の研究を使用して、刊行資料の不足を補った。

　敗戦直前には水兵の反乱があり、士官が水兵に殺され、拘禁されたのを見た。水兵の反抗に直面して、士官は何もできなかった。海軍には、訓練された士官と下士官だけでなく、階級に相応する、中庸かつ独自のスタイルを持つ将校団が必要だ。

　水兵に対しては、人間的迫力と威厳を以て臨むようにし、水兵の自尊心を傷つけるようなやり方で訓練を行う士官、下士官は厳しく罰する方針とした。レーダーの目標は、海軍士官の士気醸成であり、外面・内面を問わず、海軍スタイルによって、精神と士気を創り上げることだった。

　士官の結婚も同じで、これは、士官の育成、発展にきわめて重要な要素である、とした。

　確固とした宗教的信念——レーダーにとってそれはキリスト教プロテスタント系の宗教信念——の養成も重要であると考えた。

　敗戦後のワイマール憲法下では、士官が部下の下士官・水兵に教会に行くよう求めるのを禁じていた。レーダーは自ら規則的に教会へ行く個人的模範を示し、この習慣を全ての部隊の習慣とするよう求めた。以上のようなレーダーの考えを推し進めて、愛国的、保守的色調の家族的海軍集団を作り上げようとした。可能な限り、軍服を着用し、軍服の端正さを人事考課で評価すべき、とした。

　敗戦時の水兵の反乱、水兵の街頭デモ等による混乱により、海軍の威厳は地に落ちた。

　水兵を統御できなかった士官の権威低下は無惨だった。これの建て直しが1928年に海軍総司令官となったレーダーの目標となった。

　1920年代、失業率がきわめて高かったこともあるが、海軍希望者は多か

った。キール軍港での毎年の採用時期には、3万人から4万人の応募があり、この中から1,000人を採用した。政治的信条において信頼すべきに足る人物——愛国的、保守的人物——だけを採用するため、厳格な身元調査を行った。この採用方法に左翼政党から苦情が出た。海軍は共和国主義者の応募を嫌って採用しないだけでなく、海軍内の共和国派を組織的に排除しようとしている、と言うのだ。

　このような非難に、レーダーは次のように応じた。海軍が政党から中立であるため、政党の影響を排除するには、これは絶対に必要な条件である。左翼政党や平和主義者からの反軍攻撃を受け続けてきたため、これらのグループに共感する応募者は、海軍に勤務するに必要な愛国心が十分でない、とレーダーは信ずるようになった。「二度と戦争をしてはならない、と言う人々は軍人になる資格がない」、これがレーダーの信念になっていた。

　士官に応募してくる者の4分の1の父親は、陸海軍の軍人か軍勤務者だった。その他もかつて帝国海軍が求めた中流の上の家庭の出身者だった。このような者ならレーダーの理想とする海軍家族を形作る将校団の同一的性格形成のために好ましい。

　敗戦直後の混乱期、キール軍港での共産主義者らの騒動に立向かったのは、軍隊内に編成された義勇軍（例えば、レーベンフェルト大隊）だった。レーダーは義勇軍の戦闘能力と紀律を評価した。

　1923年、ヒトラーらによるミュンヘン一揆があった。この一揆後、レーダーは敗戦後のドイツを縛っているベルサイユ条約体制に反対する市民行動、あるいは国家の独立と自由のための闘争の可能性が生じたと思った。また、独裁者が現れて、戦後の共和国体制、共和国憲法を解体するだろうと信じるようになった。

　ウイルヘルム2世治世時代や、敗戦後のワイマール共和国時代の体験を通して、政治に関らず、政党に超然の態度を貫いた。政党は小党派に分かれて闘争を続け、国の統一と団結を脅かすものだ。第一次大戦の末期、水兵の反乱を使嗾し、革命騒ぎで国を困難に陥らせた左翼政党を嫌悪した。左翼政党は、国にとって軍備が必要なのが分らない。国防問題でも、原理・原則がなく、その場、その場の場あたりだ。専門的思考・知識がなく、好事家（ジレッタント）の態度で問題を扱おうとする。このような風潮の中で、平和主義者（パシフィスト）の考えが社会に多くの影響を及ぼして

いるのに懸念した。

　政治的には革命派を嫌悪し、共和国主義派にも批判的で、良きドイツの伝統とドイツ式——禁欲、簡素——生活がレーダーの心情だった。ジャズやモダンダンスはドイツ式生活を歪めるものとした。共産主義を嫌ったのは勿論で、平和主義や社会主義的考えもドイツの良き伝統文化を潰すものと考えた。後述のキール鎮守府長官当時、街には左翼政党のプロパガンダで溢れていた。警察や市当局と意見や情報の交換をしようとしても、海軍は反共和国態度を取っているとして、協力的でなかった。

　レーダーの特色は抜群の知的能力だった。絶倫の記憶力と集中力で、厖大なデスクワークを捌いた。彼の書類ファイルには、驚くべき量の青鉛筆による書き込みがされていた。知的能力への異常な自信、それと強烈な宗教心、人に狎れ狎れしさを許さぬ超然とした態度と言行、これがレーダーの特色だった。ユーモアや機知（ウイット）もないから、人々に親しみを感じさせることはなかった。

（4）キール鎮守府長官レーダー

　1924年9月、北海艦隊司令官となる。北海艦隊は旧式軽巡洋艦ハンブルグ、陳腐化していた小型巡洋艦アルコナと第二水雷艇戦隊から構成されていた。翌年1月、中将に昇進してキール鎮守府長官に補された。キールでは相変わらず、左翼政党から攻撃を受け続けた。一方、愛国者団体やナショナリスト政党も、レーダーの行動を監視する態度を取った。地方政府は社会民主党の支配下にあり、反軍・左翼を社是とする「シュレスビヒ・ホルシュタイン民族新聞」にはいろいろと書かれた。当時、レーダーは、ドイツ海事協会、皇帝ヨットクラブ、海軍退役士官連盟、といった共和国支持者の嫌う諸団体と強い結びつきを持っていた。

　ドイツ海事協会は、225ヵ所の支部を持ち、2,500人の会員を擁す海事関連の最大の協会。協会の青年部は「ドイツは海上に進出すべし」と宣伝していた。これらの団体は、右翼ナショナリストへの共感団体だという批判にも拘らず、レーダーは軍の評価を高める最も可能性のある団体と看做していた。皇帝ヨットクラブに対しては、現役士官による公然たる非合法の反共和国組織だと、告発されたこともあった。

　1926年、皇帝ヨットクラブの宣誓式で、副会長のハインリッヒ公が兄の

ウイルヘルム2世前皇帝万歳を提唱し、当時禁止されていた「君に勝利の栄冠を（Heil dir im Siegerkranz）」の演奏を軍楽隊に命じた。これが海軍の中立性を破ったと問題にされた。レーダーは軍歌の合唱を否定し、前皇帝は今も皇帝ヨットクラブの名誉会長なのだから、万歳は正当である。ハインリッヒ公が現在の共和国を攻撃したり、君主制を讃えたものでもない。しかもこの行事はクラブハウスの中で行われたもので公的行事ではない、と抗弁した。国防省はレーダーへの処罰を行わなかった。

　1年半後、新国防相ウイルヘルム・グレーナーは、皇帝ヨットクラブの名称を変えるよう要求した。クラブが拒否すると、レーダーに皇帝ヨットクラブへの経費援助をやめるよう求めてきた。このため、レーダーは海軍独自の海軍船舶協会（Marine Regatta Verein）を作った。

　海軍退役士官連盟に関しては、海軍との結びつきを守った。この協会は敗戦直後の1918年11月に創設されたもので、退役士官を援助するとともに、親睦・交流の維持を目的とする団体だった。

　会員の利益を守り、海軍の伝統維持を目的としたもので、メンバーの多くは、保守団体に属し、ナショナリストや君主制論者の行事に参加したため政治的団体ではないか、と批判された。困難な問題は、議会の保守勢力と海軍との関係だった。これらグループのボランティア的訓練や、秘密裏の採用は政府から禁止された。

　キール鎮守府長官のレーダーは左翼勢力から目の仇にされた。海軍が海上勤務のための訓練ではなく、ボランティアを短期的に訓練していたことが公然化した。

　1926年12月、社会民主党はレーダーの前参謀長カナリス大佐、それに現参謀長レーベルフェルト大佐に次の疑いがあるとして説明を求めた。①1923年、ヒトラーのミュンヘン一揆は失敗したが、ヒトラー達の活動資金のために政府財産を非合法的に売却したのではないか。②陸軍司令官ハンス・ゼークト暗殺の陰謀に係ったのではないか。

　ゼークトは敗戦後のドイツ陸軍の中心的人物で、将来の大統領とも看做されていた将軍である。

　レーダーはカナリス大佐が1923年夏から秋にかけて保守組織と交渉を持っていたことを知っており、国防相に次のような弁明をした。

　①海軍はこのような外部組織に頼らざるを得なかった。何故なら、海軍

は国内紛争に対応するのに充分な強さがなく、外国からの脅威には、それ以上に弱かった。

②ゼークト暗殺未遂事件に関しては濡れ衣である。

③海軍は軍の機械等をデンマークに移した。売ったのではない。これは連合国軍事制限派遣団の目から避けるためだった。

キールの有力者へも次のような書信を出して理解を求めた。

①反海軍キャンペーンが、国を支える国防力に関する、国民からの信頼を崩そうとしている。

②活発な外国のスパイ組織や、共産主義者の浸透戦術に対して、海軍が行っている防衛手段を、共和国の利益に反する行動だ、と彼らはレッテルを貼っている。

③応募者の採用と訓練は有能な兵士を育成するためだ。

　この時期、ローマン事件が起った。海軍再軍備のための秘密資金を海軍が使用しているのが暴露されたのだ。1923年のルール危機（賠償金を支払わないとの理由で、仏・ベルギー軍が重工業地帯のルールを占領したことからの国際緊張）の際、再軍備のための特別資金が用意され、この資金は海軍省運輸部長ウオルター・ローマン大佐の管理下にあり、兵器開発用と兵器購入用に分けられていた。この資金がスポーツクラブ、商社、造船会社、映画会社へも援助金として流れていた。1927年8月、新聞がこれを暴露し、問題となった。

　国防相オットー・ケスラー、海軍総司令官ハンス・ゼンカーが辞任し、新国防相にはウイルヘルム・グレーナー将軍が就任した。グレーナーは、今後かかる行為はやめると約束。ただ、ベルサイユ条約で禁止されている、Uボート、飛行機、魚雷艇を秘密裏に続行することは認めた。ゼンカー海軍総司令官の後任候補は、ハーマン・バウエルとレーダーに絞られていった。

（5）第二次大戦勃発直前に海軍総司令官に就任したレーダー

　1928年9月、レーダーとグレーナー国防相の会談が行われ、両者は政治・軍事問題で意見を交換した。グレーナーは海軍総司令官にレーダーを据えようとした。公式発表前に社会民主党広報部がこれを報じると、左翼新

聞は「帝国海軍時代に活躍した提督が共和国海軍のトップとしてふさわしいか」「レーダーはファシスト」「レーダーは右翼反動組織と結びつきがあった」等と批判し、新聞論調を見て、グレーナーはぐらついた。辞任を決めているゼンカー提督も後任がレーダーになることに反対する。社会民主党も反対だ。グレーナーは首相と会って相談した。有力紙「フランクフルター」の1928年9月30日付に、共和国論者で著名な某大学教授の投書が掲載された。「レーダーは疑いなく、共和国に忠実である」という内容だった。この記事がグレーナーを決断させ、1928年10月、グレーナーはレーダーの就任を公式に発表した。

　海軍のトップとなったレーダーは、政府、議会、新聞のいずれからも不信感で見られた。ローマン事件によって、海軍への信頼は地に堕ちており、反軍、反海軍攻撃は強いものがあった。このため、レーダーは海軍政策、海軍運用の全ての要素に、強力で統一的統制が必要との確信を深めた。社会民主党と共産主義者の動きに細心の注意を払った。

　世論は、ベルサイユ条約の制限の中で、陸軍の保存を望んでいだが、海軍の存在には疑問を持っていた。第一次大戦中、大洋艦隊が軍港に停泊してほとんど動かなかったことや、水兵の反乱を国民はよく見ていた。これに反して陸軍はよく戦い、決定的敗北はしていない。開戦初期、東部戦線ではタンネンベルグでロシア軍に壊滅的打撃を与え大勝している。

　レーダーはティルピッツと同じような立場に立った。ティルピッツは海軍増強問題に関して、世論や、社会民主党を無視できぬ議会対策に苦慮した。議会での説明がうまくいかなかった時には海軍省の大臣室に帰って涙を流しているのを副官は見た。ティルピッツはその強面と磊落な外観から想像できない、繊細な神経の持主だった。

　レーダーが取り組まねばならぬことは、海軍の再建だった。世論誘導には何よりも、広報活動が必要だ。ティルピッツ海相の下で広報活動に従事したことが役に立った。①自分の政策や、やり方に不賛成な者を個人的敵と看做すこと、②人々の意見を注意深く聞くこと、この二つはティルピッツとレーダーに共通していた。

　国防省内で海軍事項が討議される時には、レーダーも参加を許された。指揮方法、紀律、人事等について海軍の独立を強く主張した。国防省内では陸軍の発言力が圧倒的に強い。もともと、ドイツは陸軍国なのだ。レー

ダーの経歴の大部分は幕僚勤務で、海上での指揮の経験は少なかったから、英語でいうデスク・アドミラルと見られていた。

　海軍のトップとなったレーダーの目標は、政府や議会から海軍再興の支持を受けるとともに、良き海軍のイメージを復活させることだった。このためには、厳格な統制が不可欠である。海軍内に意見の違いや対立があれば、目標の実現はとても出来ない。レーダーの経歴と、些事もゆるがせにせぬ性格が海軍内部への厳格な統制となった。

　指揮官は直属上官に対してのみ、責任を持つのであって、国家元首と国防相にのみ自分は責任を持つ、と考えるレーダーは、自分の方針やドイツ海軍史へのどんな批判も押さえようとした。

　将校団は団結・一致せねばならぬ。全ての評価、決定、命令はレーダーだけが責任を持つ。レーダーの見解・考え・意見に反する論議は、たとえ婉曲なものでも許さず、自由に振舞うのも許さなかった。

　大陸国ドイツでは歴史的に陸主海従だった。圧倒的発言力を持つ陸軍と並立して、海軍独立の基盤を作ることもレーダーが追及した目標だった。グレーナー国防相は政治的事項や政治的判断に関して、国防相に従うよう求め、また次官のシュライヘル将軍は、海軍独自の議会対策や海軍広報を控えるよう求めた。

　国防相グレーナーやシュライヘル次官（政治担当）は海軍関係事項であっても、レーダーを素通りさせてしまうことが少なくなかった。これは陸軍官僚機構からの干渉に他ならない。レーダーによれば、シュライヘル次官は海軍に冷淡だった。1928年12月には、グレーナー国防相と海軍の独立的存在を強く主張するレーダーの対立が頂点に達した。このような状態が続くなら、辞任すると国防相に伝えた。　これは国防相が遺憾の意を示したことで収まった。

　1929年の春、グレーナーは「ドイツに巨艦が必要だろうか」と質問し、回答を求めた。レーダーは次のように答えた。

　①海軍の基本的任務は、フランス、ポーランドとの潜在的紛争である。海軍再建に関しては、いささかも願望的思考があってはならない。

　②海軍の最も重要な任務は、海上通商を守ることだ。前大戦の戦訓は海上交通線切断により、敵は血を流さず、我々を屈服させ得ることだった。

③英国の地理的優位とその海軍力を考えれば、英国との間の紛争は考え
　られぬ。ベルサイユ条約の規制がないとしても、独海軍はせいぜい仏
　海軍と戦える程度である。

　海軍の基本的作戦地域はバルト海であって、その主任務は東プロイセン
の防衛だ、とグレーナー国防相は考えていた。海軍の作成した作戦計画を
仔細に見てみると、沿岸防衛以上の野心を持っているのではないか、との
疑問が生じる。沿岸警備海軍に巨艦は不必要なのではないか。海軍は国防
予算の30%を要求している。
　国防相の疑いは正しかった。レーダー率いる海軍は沿岸警備隊では満足
していなかった。バルト海だけでなく、北海から大西洋まで進出して、海
上交通線を確保する大洋艦隊がティルピッツ以来、ドイツ海軍の夢なのだ。
これは世界列強に加わることを意味した。国力、発言力、威厳、の象徴が
戦艦なのである。

2．生粋の潜水艦乗りデーニッツ提督

　第二次大戦の中期以降、レーダーに代って海軍総司令官となり、ドイツ海軍を率いたのはデーニッツである。本章ではデーニッツの生い立ちと経歴を紹介し、第4部以降の理解に供したい。

（1）デーニッツの生い立ち

　1891年9月16日、ベルリン郊外のグリューナウでカール・デーニッツは生れた。レーダーより15歳年下である。家は、エルベ川とザール川の合流地点近くにあり、先祖はこの地で世襲の領主権と司法権を行使してきた。ベルリン大学に学んで、1873年に日本に招聘され東京医学校（現在の東大医学部）で解剖学を教えたウイルヘルム・デーニッツという人がいるが、名前から遠縁と思われる。

　父親は、イエナの光学機器メーカー、カール・ツァイスの研究員だった。デーニッツは、ワイマールの実科高校を卒業して1910年4月1日、55人の海軍生徒の同期生と共にキール軍港にある陸戦大隊に入隊。基本訓練を受けた後1910年秋、練習巡洋艦「ヘルク」に乗って遠洋航海。1911年4月、キール軍港に帰国し、少尉候補生として海軍兵学校に入校した。海軍兵学校はユトランド半島付け根のフレンスブルグにあった。ここで純理論的な航海術や造船学を学んだ。修了すると、特殊コースとして半年間魚雷と歩兵勤務の基礎教育を受けた。

　デーニッツは、東アジア艦隊を希望したが叶えられず、1912年10月1日、キール軍港に停泊中の巡洋艦「プレスラウ」配属となり、地中海、ギリシャ、イスタンブール方面に派遣された。アドリア海北端のトリエステに停泊中、オーストリア皇太子が視察にやって来た。

（2）第一次大戦の勃発から敗戦まで

　1914年6月28日、ボスニアのサラエボでオーストリア皇太子夫妻が暗殺されたとのニュースに接したのはアルバニアのドラッツォ滞在中だった。7月28日、オーストリアがセルビアに宣戦布告し、第一次大戦が勃発。独、伊、オーストリア、トルコと英仏露日との戦争になった。当初、米国は中

立を宣言していた。

　巡洋艦「プレスラウ」は、イタリアのメッシーナで急遽給炭してコンスタンチノープルに向かった。黒海のロシア艦隊を牽制するためである。

　デーニッツは、4年間に亘る「プレスラウ」乗組から1916年10月1日、潜水艦艦隊に転属となった。これが潜水艦勤務の始まりで、この時25歳だった。1年半の間に、U39号（艦長：Uボートのエースとなったウォルター・フォルストマン）の見張士官として5回出撃している。1918年2月、小型潜水艦UC25号（敷設機雷18個、魚雷5本搭載）の艦長に補される。

　基地は、アドリア海に面するイストニア半島南端のプーラにあった。アドリア海からオラント海峡を経由、イオニア海に出て、メッシナ海峡を抜け、シチリア島のパレルモ港沖合に機雷敷設を行った。この間、ポルタ・アウグスタ港に侵入して英国の工作艦を魚雷3発で沈めた。続いて、メッシナ海峡で連合国輸送船の獲物を待った。2隻の駆逐艦に護衛された商船を発見し、魚雷2本を発射。猛烈な爆雷攻撃を受けた。命中したかどうかその時には分からなかったが、後にこの商船を撃沈したことが判った。基地への帰途、アドリア海東岸のダルアティア諸島の沖合で深夜に座礁。救助を求め、オーストリア駆逐艦のロープ牽引により岩から離れることが出来た。

　続いてデーニッツは、UB68号の艦長になった。シチリア島南東端のカプ・パッセロの沖合で1隻撃沈。10月30日、水中で艦首荷重が過重に陥ったため、許容深度70mなのに92mまで艦首から急降下した。必死に操艦し、今度は急上昇して艦の全長の3分の1が海上から飛び上がると、艦は敵護衛船団の真只中に浮上してしまった。駆逐艦から砲撃を受けたため、デーニッツは司令塔のハッチを開けて総員退艦を命じ、海上に漂っている所を英駆逐艦のボートに救助された。

　マルタ島に連行され、古い砦に設けられた収容所に入れられた。100人から200人の捕虜となった士官がいた。1918年11月4日、英巡洋艦に乗せられ11月7日にジブラルタル着。11月10日、港内、港外の全艦船のサイレンが鳴り渡った。戦争が終わったのだ。この後、英本土のシェーフィールドの捕虜収容所に送られた。ドイツ人捕虜が600人ぐらいいた。

　25歳で潜水艦乗りとなり、27歳で潜水艦艦長になり実戦に参加、九死に一生を得て英軍の捕虜にもなった。ほとんど幕僚勤務で実戦経歴のないレ

ーダーとはかなり違った人物である。

（3）再びドイツ海軍へ入り潜水艦隊司令に

　1919年7月、デーニッツ帰国。民間の職業に就くことも考えたが、海軍に留まることとした。キール軍港にあるバルト海鎮守府の人事課に調査官として配属になった。

　敗戦後のキールは無政府状態だった。王政復古を目的とするカップ一揆（帝政派将校が起したクーデター）は一旦成功し、右翼政治家カップが首相についたが、それに反対するゼネスト等で5日間で失敗した。また、共産主義革命を目指すローザ・ルクセンブルグ率いるスパルタクス団の蜂起もあり、騒然とした社会情勢だった。天文学的インフレが襲って、ドイツ中産階級は壊滅した。デーニッツの家庭も例外でなく、事業をやっていた弟の援助を受けたり、大切にしていたトルコ絨毯を売って、食いつないだ。

　水雷艇の艇長として3年間勤務し、1923年3月キールの鎮守府転属となり、1924年10月1日から1927年までベルリンの海軍本部に勤務した。その後は1927年10月バルト海艦隊旗艦「ニンフ」航海長、1934年6月遠洋練習巡洋艦「エムデン」艦長、1935年9月潜水艦艦隊司令と歴任。

　第一次大戦中の1916年5月に結婚。妻の父はウエーバー陸軍大将だった。1917年、1920年、1922年にそれぞれ、長女、長男、次男が生れた。後に長女は、潜水艦乗りのギュンター・ヘスラー（海軍中佐として敗戦を迎えた）に嫁した。ヘスラー大尉はU107号艦長として商船14隻、8万7000トンを沈め、樫葉付鉄十字勲章を受章。長男クラウスは1944年5月、海軍中尉として高速艇で行動中に戦死し、次男ペーター少尉は1943年3月、Uボート乗組員として戦死した。自分が総指揮する戦場で、二人の息子を亡くしたのは、日露戦争時の乃木希典将軍と同じである。

■コラム　第一次大戦後のドイツの経済混乱　┄┄┄┄┄┄┄┄┄

　筆者は大学3年生の時、ドイツ留学から帰国したばかりの若き宮田光雄教授による「ドイツ政治史」の集中講義を聴いた。宮田先生の熱弁を今も思い出す。冷静なドイツ人が何故ナチスを熱狂的に支援するようになったか、その原因分析が講義の中心であった。大きな原因の一つは1兆分の1に貨幣マルクが下った天文学的インフレにより、ドイツを支えてきた中産階級が無産

化し、生活の窮乏が頂点に達したことである。資産家は土地や物、貴金属等所有しているから、インフレでむしろ資産を増した。無産階級はもともと資産がない。

　伝統的なドイツ人家庭では反ユダヤ感情の底流があった。祖国のないユダヤ人にとって頼れるのはカネしかなく、貨殖にその生存を賭けている。価値が下がって、紙切れ同然になる可能性のある紙幣や、時の権力によって、すぐに没収される恐れのある土地が信用できないのを骨身に沁みて知っているから、資産をダイヤや金に換えて備えている。ドイツ人の大多数が敗戦で困窮の極に陥った中で、ユダヤ人の巧みなインフレ対処術と裕福に見える生活はドイツ人大衆の嫉視を浴びるようになった。ユダヤ人にとって、ドイツは祖国ではないから、ドイツへの愛国心という概念もない。生存に有利な国なら何処へでも行く。これもドイツ大衆の反感を買った。

　①激しいユダヤ人攻撃、②資本主義否定と社会主義政策（国家社会主義）の標榜、③支払い不可能な1320億金貨マルク賠償金を中心とするベルサイユ条約破棄主張、④混乱を極める党派乱立にうんざりした人々が抱く、強力な国家指導者出現願望へのアピール──、といったナチスの主張に多くの無産化したかつての中産階級が支援するようになった。

　ゲッペルス宣伝相の巧みなプロパガンダやパーフォーマンスも影響が大きかった。国民の不満の的をユダヤ人一点に絞って、激烈な反ユダヤ言動を繰り返した。

　ナチス党紋章である鉤十字（Hakenkreuz）の多用もゲッペルスのパーフォアマンスの一つだった。集会では鉤十字の大幕が会場全体に張り巡らされ、党員の列の縦横にはカギ十字とNSDAP（国家社会主義ドイツ労働者党の頭文字）が織り込まれた党旗が会場を埋め尽くすほど林立される。参加者は鉤十字の腕章をつけて参加する。集会は夜行われることが多かった。参加者全員が松明を持って集合行進する。太古の先祖ゲルマン人は、深い森の中で僅かな焚き火を囲んで夜を過ごした。先祖の血がよみがえるような夜の大集会だ。異様な雰囲気に呑まれ、壇上に立つ指導者の激烈な演説に、集会は熱狂のるつぼと化す。このような集会がドイツ各地で行われ、ナチス党員やその支持者が雪だるま式に増えていった。

　ゲッペルスはナチスの綱領や政治政策を訴えるのに、活字よりも、映画やラジオを活用した。映画やラジオによるヒトラーの激烈な獅子吼演説は訴える力が活字の比ではなく、人々の冷静な思考を奪った。ラジオ放送の最後には一つのスローガンを繰り返すのもゲッペルスの巧みな煽動であった。「一つの民族、一つの国家、一人の指導者！（Ein Volk, Ein Reich, Ein Führer!）」

と繰り返すスローガンがその一例である。

　宮田先生の二世代前の民法の権威者として著名な中川善之助先生のドイツ留学は、先生から直接伺ったことだが、第一次大戦でドイツが敗戦した直後の留学だったから、円の為替相場が圧倒的に強く、毎日の食事にも事欠くような多くのドイツ人に比べ、実に優雅な留学生活であったようだ。ドイツ古書店の大お得意が日本人留学生だった。ドイツの高名な学者が一生かけて蒐集した学術本の一切を買い取った留学生もいたらしい。

　中川先生は、ベルリンに到着直後、下宿を捜すため半日、タクシーを利用した。東京でならこのくらいタクシー代が必要だろうと考え、ドイツ銀行で円貨を両替したばかりのドイツ・マルクで手渡したところ、運転手は車から転び出るように出て来て、「ダンケシェーン！ダンケシェーン！」と米つきバッタのように頭を下げた、とのことだった。日本人留学生にとってありきたりの謝礼だったが、ドイツ人の運転手にとって、途方もない金額だったのである。

　ベルサイユ条約による、1320億金貨マルクの賠償金はドイツにとって、到底、履行できない金額だった。1923年には、これの不履行を理由に仏・ベルギーの軍隊が重工業地帯ルール地方を占領した。ドイツ人はサボタージュや小規模ストライキによる消極的抵抗で応じた。その後、年賦金で支払う案が関係国の了承を得、1930年には、358億マルクを今後58年間でドイツは支払うこととなった。前年10月24日のニューヨーク株式市場の大暴落が口火となって、全世界に大恐慌が広がった。1932年、スイスのローザンヌで国際会議が開かれ、30億マルクに大幅減額された。これも実行されず、ナチスの台頭とともに、賠償問題は破棄された。

ドイツ海軍興亡史
創設から第二次大戦敗北までの人物群像
谷光太郎著　本体 2,300円【10月新刊】

陸軍国だったドイツが、英国に次ぐ大海軍国になっていった過程を、ウイルヘルム2世、ティルピッツ海相、レーダー元帥、デーニッツ元帥ら指導者の戦略・戦術で読み解く。ドイツ海軍の最大の特徴「潜水艦戦略」についても詳述。

刑務所で世の中のしくみを教える
府中刑務所「生活設計・金融講座」
石森久雄著　本体 1,800円【10月新刊】

全国で唯一、東京・府中刑務所で行われている釈放前受刑者に対する「生活設計・金融講座」の講義記録と、新しいタイプの刑務所PFI（社会復帰促進センター）、車検ができる自動車整備工場のある刑務所、ホテルに生まれ変わった奈良監獄など刑務所をめぐる新しい流れや受刑者更生のためのさまざまな取り組みを紹介。

木戸侯爵家の系譜と伝統
和田昭允談話　〈尚友ブックレット36〉【9月新刊】
尚友倶楽部・伊藤隆・塚田安芸子編　本体 2,700円

木戸幸一

昭和戦前・戦中期の内大臣木戸幸一の終戦前後の様子、木戸の弟和田小六、姻戚の山尾庸三・原田熊雄の動静など、木戸侯爵家の人々のありのままの姿を伝えるオーラル・ヒストリー。和田小六の長男和田昭允氏の5回のインタビューを収録。

海洋戦略入門
平時・戦時・グレーゾーンの戦略

【9月新刊】

ジェームズ・ホームズ著　平山茂敏訳　本体 2,500円

海洋戦略の双璧マハンとコーベットを中心に、ワイリー、リデルハート、ウェゲナー、ルトワック、ブース、ティルなどの戦略理論まで取り上げた総合入門書。商船・商業港湾など「公共財としての海」をめぐる戦略まで言及。

戦略の格言　普及版
戦略家のための40の議論

【9月新刊】

コリン・グレイ著　奥山真司訳　本体 2,400円

戦争の本質、戦争と平和の関係、世界政治の本質、歴史と未来など、西洋の軍事戦略論のエッセンスを40の格言を使ってわかりやすく解説した書の普及版。

敗戦、されど生きよ
石原莞爾最後のメッセージ

早瀬利之著　本体 2,200円【8月新刊】

終戦後、広島・長崎をはじめ全国を駆け回り、悲しみの中にある人々を励まし日本の再建策を提言した石原莞爾晩年のドキュメント。終戦直前から昭和24年に亡くなるまでの4年間の壮絶な戦いを描く。

戦略論の原点　新装版
軍事戦略入門

【7月新刊】

J.C.ワイリー著

奥山真司訳　本体 2,000円

芙蓉書房出版

〒113-0033
東京都文京区本郷3-3-13
http://www.fuyoshobo.co.jp
TEL. 03-3813-4466
FAX. 03-3813-4615

軍事戦略に限らず、ビジネス戦略・国家戦略にも幅広く適用できる「総合戦略書」。

3．ナチス・ドイツの誕生

　ナチスの誕生は、第一次大戦の敗戦から第二次大戦までのドイツと切っても切れない関係があり、この時期のドイツの政治はもちろんのこと、海軍への影響も甚大であった。本章ではナチスの概要を述べ、以て読者の基本的参考に供したい。

（1）ナチスの台頭と海軍

　第一次大戦敗戦翌年の1919年9月、ミュンヘンのビアホールで「ドイツ労働者党」の週1回の例会が開かれていた。この例会に初めて参加した30歳くらいの男の話しぶりに党創設者のアントン・ドレクスラー（鉄道工場の工員）は注目した。この男がアドルフ・ヒトラーだった。55番目の党員として、ヒトラーはドイツ労働者党に入党した。翌1920年2月、2000人の聴衆を集めたホーフブロイハウス（ミュンヘンの有名なビアホール）で「ドイツ労働者党」の25箇条の党綱領（①大ドイツの建設、②ベルサイユ条約の破棄、③ユダヤ教徒の排斥、④国家社会主義、等）が発表された。後に党の名称は国家社会主義ドイツ労働者党（Nationalsozialistische Deutsche Arbeiterpartei）と改称された（石出法太『世界の国ぐにの歴史、ドイツ』岩崎書店、1991年）。

　筆者もこのビアホールで1リットル入りの大ジョッキでビールを飲んだことが何度かある。ホールでは楽団が音楽を演奏する大衆的なビアホールだった。

　ナチスの勃興とともに、海軍内にも、その支持者が増えていった。軍に対して常に批判的だった左翼政党と異なり、ナチスは軍増強を支持した。また、ベルサイユ条約の鎖から自由であるべきだとするナチスの要求は、軍内に支持者を増していった。

　若い士官ほど、国家社会主義を支持し、年配の士官はこれに距離を置いた。例えば1931年の秋、魚雷艇戦隊の新指揮官が士官と水兵を検閲した際、彼らの大部分が国家社会主義に共鳴しているのを知った。

　ナチスの台頭とそれに伴う国内緊張の増大に対して、レーダーは「海軍は政争から超然たるべし」を信条とした。海軍の団結・統一や、海軍の再

興を脅かす、どんな動きからも距離を置こうとした。海軍再興のため、政府、議会と接触し、退役提督との交流を続けた。

　このようなレーダーの考えや動きを苦々しく思うシュライヘル国防次官とは疎遠となった。政治への軍の窓口は自分達だと考える国防省内で、大臣グレーナー将軍、次官のシュライヘル将軍はじめ、陸軍関係者の発言力は大きかった。

　1931年、ブリューニング内閣が発足すると、レーダーは国防相を通さず、直接ブリューニング首相と会って、海軍予算について要望した。国防相、国防次官とは対立的になっていったが、次期国防相にレーダーという噂が流れて来るようになった。しかしレーダーは国防相になるつもりはないと声明を出し、ブリューニング首相に「国防相ポストは狙わない」と書信を出した。そしてその写しをシュライヘル次官に送った。シュライヘルはナチスの有力者ヘルマン・ゲーリングに「レーダーは左翼からあまりに距離を置き過ぎているので、国防相には適任でない」と伝えている。

　しかし、心を許した親友レベツォフ提督には「強力内閣が出現するのならば、内閣の一員になる用意がある」とレーダーは伝えた。

　「政争から超然たるべし」としてレーダーは海軍を率いて来たし、自分も政治の世界に入るのを拒んだ。そうすることによって、海軍トップの地位を保ってきた。国家の混乱期にレーダーが一貫して政府に忠実であったことは、ブリューニング首相もグレーナー国防相もよく知っていた。1932年5月、ブリューニングが退任しパッペン内閣になると、シュライヘル次官が国防相になった。

　第一次大戦の中期以降——1916年1月以降——、シェーア大洋艦隊司令官の下、参謀長がトロータ、作戦参謀がレベツォフだった。レーダーはこの二人をよく知っており、親友といってよかった。レベツォフは1928年頃より、ヒトラーに近づき、将来の海軍政策を熱心に話し合った。レーダーにナチス関連の情報を入れたのはレベツォフで、「ヒトラーは海軍に積極的関心を示しており、海軍問題に理解がある。前の大戦中の大洋艦隊運用の消極さについて、自分と意見が一致した」とレーダーに伝えた。

　1931年以降、レベツォフを介して、レーダーはヒトラーと間接的、非公式に海軍政策の意見交換を行った。ヒトラーはレベツォフに尋ねた。日本海軍の巡洋艦青葉型は口径21センチ主砲6門であるのに、ドイツ海軍の巡

洋艦主砲はなぜ15センチ砲９門なのか。

　レーダーから「連合国がドイツ巡洋艦主砲の巨大化を恐れているから
だ」という答えを聞いて、レベツォフはこれをヒトラーに伝えた。レーダ
ーはヒトラーの海軍兵装の知識の深さを知るとともに、艦の兵装はできる
だけ強力にすべし、というヒトラーの考えを知ることになった。

　その著『我が闘争（Mein　Kampf）』の中で、ヒトラーは、①ティルピッ
ツが建造した艦はあまりに鈍足で弱兵装である、②前の大戦での海軍作戦
は中途半端で、集中的決定戦を避け、消極的、防衛的過ぎた、とティルピッ
ツや戦前の海軍政策を手厳しく批判していた。ヒトラーはシーパワーや
海外植民地獲得に否定的で、英国との同盟を志向していた。

（2）ヒトラーの海軍認識

　ヒトラーによれば、戦前も戦後も、議会に屈服していたため、海軍の論
理が欠落し、戦略、建艦、組織に対するリーダーシップに中途半端が生じ
た。ティルピッツによる大洋艦隊を「いわゆる戦艦の集合で、せいぜい敵
の訓練目標に適しているだけである。結局、我々の艦隊はロマンチックな
玩具で、自分達だけのために造られた観艦式航行用のものに過ぎなかっ
た」といい、ウイルヘルム２世の「我々の将来は海上にあり」という言葉
を「心のひねくれた、厄介な宣言」と否定した。

　ドイツは東西両面に強大な陸軍国と接し、両国境には天然の要塞ともい
える大山塊や大沼沢地、あるいは両国を隔てる海などが無い。この地理的
不利からヒトラーは「ドイツの運命は欧州大陸にあり」と考えていた。こ
れはドイツ陸軍の伝統的考えであり、合理的なものだった。

　東西から挟み撃ちされれば、敗戦は必定である。ウイルヘルム２世の先
代と先々代皇帝に仕えたビスマルク首相の外交は東西に同時に敵を作らな
いことだった。やむなく、東西二面作戦となった場合の、苦し紛れの綱渡
りのような対処作戦案がいわゆるシュリーフェン・プラン。第一次、第二
次の両大戦でのドイツ陸軍の戦略は、いずれもこのシュリーフェン・プラ
ンが根底にあった。また、ドイツはバルト海、北海に面していて、大洋に
出るには甚だ不利な地理的位置にある。このため、新大陸発見、国際通商、
海外植民地獲得競争には、常にスペイン、ポルトガル、英仏に遅れを取っ
てきた。海軍力も、英国に比べれば話にならなかった。

ドイツにとって、海は必ずしも生存に致命的なものではなかった。両次大戦の結果から見れば、後知恵ではあるが、陸上戦がドイツの運命を決めることとなった。ティルピッツやレーダーが精力を傾けた戦艦は戦いの帰趨に役に立たなかった。

　戦艦や巡洋艦といった大型艦は、国の威厳を示すシンボルの意味はあったが、巨費を投じた自己満足のための、ヒトラーの言う「観艦式航行用の玩具」といわれても仕方のないところがあった。第二次大戦中の太平洋の戦いで中心的戦力になった空母については、独海軍は1隻も持たずに敗戦した。戦果を挙げたのは、平時には国威のシンボルにならない750トン級のUボートだった。

　1932年10月、パッペン内閣の海軍計画（レーダーによる作成）にヒトラーは鋭い批判を行った。すなわち、巨大艦の建造は、①英独関係に影響し、②必要な巨費は陸軍予算を食い潰してしまう。③海軍はバルト海沿岸海軍たるべきで、戦艦など不要。④海軍は新しい技術を充分に取り入れているのか。技術的考慮よりも、心理的回顧で海軍再軍備を考えているのではないか。

　戦艦重視のティルピッツ戦略を引き継ぐレーダーにとって、ヒトラーのこのような考えは相容れなかった。怒ったレーダーは、第一次大戦中、大洋艦隊作戦参謀のポストにあり、現在では、議会内でナチス党のNo.2になっていた親友のレベツォフに次のように伝えた。

①ヒトラーがバルト海と北海について言ったことはナンセンスだ。我々がヒトラーに従うのなら、我が海軍は沿岸警備隊になり、フランスからの防衛はできなくなる。我々の任務はやがて北海が中心となろう。

②海軍は陸軍のように、一晩でモデルを変えることはできない。長期的戦略とそれに応じた建艦計画が必要だ。

③英国との交渉に関しては、我々海の立場を聞くべきだ。

　ヒトラーの愛国主義、国防重視、国家社会主義という資本主義修正的政策はレーダーも含め、多くの士官の共感を呼んでいた。レーダーはヒトラーに疑問を持ちつつ、一定の距離を置いた。しかし、再軍備のための潜在力をナチスは持っている、と考えた。

　レーダーとヒトラーの間を取り持ったのは前述したように、元大洋艦隊作戦参謀だったレベツォフ大佐で、レーダーとは帝国海軍時代より懇意の

間柄である。

　レーダーの海軍軍人としての考えは、①民族の団結、②強力海軍、③戦争での勝利だ。このためには、全ての階級、職業の利益のために責任をとる強いリーダーを求めるドイツ国民の要求を是とした。

　敗戦直後、左翼勢力の使嗾による水兵の反乱や革命騒動を目の前で見た。

　1923年1月、賠償金未払いを理由に仏・ベルギー軍のルール重工業地帯占領の影響もあり、為替相場はこの年9月、1ドル990万マルクだったものが、11月には2兆マルクに大暴落し、経済は壊滅状況になった。ほぼ3人に1人が失業した。左翼勢力支持者が増大し、レーダーは共産主義に対する最後の壁にならねば、と考え、ヒトラーの海軍に対する考えには距離をおいていたが、国家社会主義の影響力が増大する中で、徐々にレーダーは親ナチスに向かっていった。退役海軍士官で、ナチス党員になっている者を個人的には支持した。

　例えば、海軍の親睦団体スカゲラーク・クラブが議長にウイルヘルム・ブーセを指名した時、ブーセはナチス党員の自分が議長になることが海軍に不利をもたらすのではないか、と心配した。レーダーは「君とナチスとの結びつきがあるから、指名は大歓迎だ」と伝えた。

　ナチスの国家目標は、海軍列強（Seemacht）イデオロギーと共鳴するところがあり、ドイツの民族共同体（Volksgemeinschaft）を約束する国家社会主義の目標は、国民の団結とその中に占める海軍の役割や、強力艦隊を求める国家感情と一致する点が多かった。

　①伝統的なドイツの価値観、②厳しい道徳観、③愛国保守的色調を基盤とするリーダーシップと紀律、これがレーダーの信念であり、ナチスの目標と一致していた。

　1933年4月、アドミラル・シェーアの進水式と、ベルサイユ条約下での最初の戦艦ドイッチュランドの竣工式があった。これはドイツ海軍再建の象徴的出来事だった。

　ナチスは1930年9月の選挙で第二党に躍進し、2年後の8月の選挙で議会第一党となった。第一党の党勢を背景に、1933年1月、ヒンデンブルグ大統領はヒトラーを首相に任命した。2ヵ月後の3月4日には米国でルーズベルト政権（第一期）が誕生した。

（3）ヒトラーとレーダー提督

　ヒトラーの首相就任直後の1933年2月3日、レーダーは初めてヒトラーと会見し、ヒトラーは、国のリーダーとしての内政、外交、軍事の大綱を説明した。軍事に関しては次のように語った。

　①内政、外交に関して、強い指導力を発揮したい。国内政治に軍が巻き込まれることはないだろう。

　②陸海軍に対しては、誰からも口を挟ませない。すなわち、議会や政党、それにベルサイユ体制の束縛からの解放である。

　③ドイツ民族共同体の創造

　④失業問題の解決

　⑤ドイツ軍人精神再建の要望

　レーダーはヒトラーの考えに多くの積極面を見た。ただ、ヒトラーが艦隊の縮小ないし、増大のストップをやるのではないか、と危惧の念を捨てなかった。少なからざる海軍士官はヒトラーの海事関連知識を心配した。ヒトラーは海に関係のないオーストリアや南ドイツで育っている。レーダーは、世界政治の中での海軍の役割を述べるとともに、軍予算に関しては、海軍への公平な割合を考えて欲しい、と伝えた。これは陸軍予算との比率だが、ナチス党の有力者ゲーリングの率いる空軍が強力なライバルになりつつあるのに気付いていた。

　1933年3月、ヒトラーと再び会見した。ヒトラーは尋ねた。
「海軍再軍備は自分の対英国宥和政策に差支えはないか。海軍は英国を敵と考えなくてよいのではないか。英独間の海軍力には隔たりがありすぎる」

ヒトラー

　ヒトラーのこの言葉にレーダーは次のように答えた。「ベルサイユ条約で制限された艦の数はやむをえないが、条約で禁止されているUボートと空母は必要だ。国防における海軍の役割は、バルト海と北海の通商保護にある。ティルピッツがやったように建艦計画が必要だ。1万トン級戦艦3隻と、2万6000トン級戦艦1隻の計5万6000トンの戦艦建造を計画したい」

　ヒトラーはこの計画は英国を刺激するのでは、と心配した。英国は戦艦だけで、この計画の10倍の52万50

00トンも保有しているのだから、心配はない、とレーダーは応じた。そして次の諸点でヒトラーの政治的目的と、レーダーや海軍の幹部の考えは合致すると考えた。

①小さな沿岸警備隊では、海軍としての価値がない。

②ドイツの海外利害を守る中核として、強力な海軍が必要。

③たとえ、艦の数が少なくとも、全てのタイプの艦がバランス良く組織されておれば、将来の発展に繋げる中核となり得る。

④世界列強の仲間入りをするためには、海軍力が必要。

　陸軍国ドイツが海軍列強になるためには、第一次大戦前のウイルヘルム2世のような強力なリーダーが必要で、この時期の海軍首脳部は、ヒトラーのリーダーシップを期待するようになった。レーダーはあらゆる機会を利用して、国防相を通さずヒトラーに訴えかけた。

　レーダーにとって、ヒトラーはブロンベルグ国防相より扱いやすかった。ブロンベルグ将軍は何事も陸軍の目から考える。会合の数が増えるにつれ、ヒトラーの海軍知識が素晴らしいことを知ったレーダーは「ある分野では専門家よりすごい」と言うようになった。

　貴族出身者が多い陸軍中枢部に対して、無産化したかつての中流階級出身者が多い海軍士官達は陸軍の将軍達よりも、ナチスに近い立場を取るようになった。これにはレーダーの影響が少なくなかった。あらゆる公式の場、進水式などで、海軍はナチス政府への忠節を誇示するようになっていった。

　ヒトラー政権成立1年後の1934年3月、建艦15年計画をレーダー指導のもとに作成した。今後15年間で、戦艦8隻、空母3隻、Uボート70隻の計画だった。これはワシントン条約で決められた仏伊と同トン数で、英国海軍と比べれば35%にあたる。もちろん、ワシントン条約に違反するし、国際的軍縮条約の埒外である。

　さらに3ヵ月後、ヒトラーに対英50%までの更なる増大案を提案した。英国との摩擦を避けたいとのヒトラーの思いと併せて、建艦15年計画がベルサイユ条約、ワシントン条約との関係で国際紛争の種となることを考慮しての対英50%であった。そうして、既建艦計画のシャルンホルスト、グナイゼナウの1万8000トン計画を3万1800トンに変更した。最初はフランスと同量トン数を考えたのだが、対英戦争も考慮に入れると、対英50%とし、

英戦艦に匹敵する35センチ口径の巨大戦艦をできるだけ早く作ることが必要と考えたのである。列強の地位は、海軍力の順位によって決まるとレーダーはヒトラーに訴えた。

　レーダーは、親衛隊や公安当局による海軍独立性の侵害にはひるむことなく抵抗した。

　ユダヤ人士官も守ろうとした。反ユダヤ法案に関してはコメントせず全部配下に流した。1938年11月、ユダヤ人商店やユダヤ教会が襲われた事件（「水晶の夜（Kristallnacht）」事件）に際しては、海外のドイツの利害にダメージを与えるとヒトラーに抗議した。自分の政策と対立するもので、自分の知らざることだったとヒトラーは答え、これにレーダーはある程度満足した。反ユダヤ主義は1933年のヒトラー内閣成立により、公式の国家原理となっている。

　ユダヤ人処遇への抗議は、海軍トップの正式権限内のことではない。もしそれをやれば、海軍を政治闘争の場に投げ込むことになる、とレーダーは考えた。保守的な汎ドイツ主義の考えで、ナチスの人種政策をレーダーは受け入れている。自分の育ったドイツ中流層の家庭では伝統的に反ユダヤ感情が流れていた。

　宗教問題に関しては、ユダヤ人問題とは異なりレーダーは明確な態度をとった。ナチスの有力者であったホルマン、ゲッペルス、ゲーリングといった人々は反キリスト教的立場をとった。海軍牧師団に対する政党からの個人的干渉には強い態度を貫いた。ある牧師はレーダーを「ドイツ内のキリスト教会の防衛者」と讃えた。

　宗教問題への干渉は、海軍内外を問わず、たとえ総統からであっても問題視させない態度をとり、海軍内では宗教討議を許さなかった。ドイツ帝国海軍以来の海軍精神と、軍の伝統の一つとしてのキリスト教（主としてプロテスタント）の宗教継続を正当化するとともに、ナチスの擬似宗教への参加を禁じた。1937年12月、新任従軍牧師に対する訓示で、レーダーは「教会と政治の間での闘争に参加することは諸君の義務でない。また、国家社会主義が最近引き起こしている種々の事項を分析することも、諸君の義務でない。諸君は真摯にキリストに祈ればよい」と語った。

　宗教者が政治に関わることをレーダーは嫌った。第一次大戦中、Uボート艦長だったニーモラーは、プロテスタントであり、反ナチス派のリーダ

ーだった。彼は教会でナチスの宣伝を拒否した。レーダーは当初、ニーモラーを支持していたが、彼がヒトラーを攻撃したり、政治的に忠節でないとして逮捕されたことを知り、支援をやめた。

　レーダーは常に政党から距離を置いて、中立を保ち、海軍の独立維持に尽力そうとした。ナチスに対しても、それができると考えた。ナチス所属の突撃隊や親衛隊、あるいは秘密警察ゲシュタポからも距離を置けるとも考えていた。

　ユダヤ人や政敵へのナチスの行き過ぎはヒトラーが命じたのではないとレーダーは信じていた。

　自身の保守的、愛国主義的見方でヒトラーの諸政策を見てきたレーダーは、海軍の長期的目的達成のために、ヒトラーの内政、外交に問題があるとしても、無視するか大目に見ることにした。ヒトラーが党員に断固とした厳しい対処行動を取るのも、レーダーにとっては頼もしく見えた。例えば、突撃隊の参謀長エルンシュト・レームと主な配下を謀殺させた1934年6月30日の「長いナイフの夜」事件がそうだった。レームをはじめとする突撃隊の主要幹部が暗殺されたことにより、ハインリッヒ・ヒムラー率いる親衛隊が大きな影響を持つようになった。

　親衛隊と海軍との関係は微妙だった。原因は元海軍士官ヘイドリッヒが親衛隊の情報部長だったことだ。海軍士官にふさわしくない、とレーダーによって解職された男で、ヒムラーやヒトラーに事あるごとに解職への不満を訴えていた。海軍情報部長のパッシヒ大佐が解任されカナリス大佐に代ったのは、ヘイドリッヒの陰謀だった。親衛隊は海軍にとって大きな脅威でないとレーダーは考えていたが、1935年から1938年にかけて、海軍と陸軍・親衛隊との競合が多くなった。シュライヒャー将軍、フェルデナント・フォン・ブレドウ将軍の暗殺に関してもレーダーは沈黙を守った。

　ヒンデンブルグ大統領が死去して、1934年8月ヒトラーは国家元首、行政府の長、三軍の最高指揮官を兼ねる総統（Führer）となった。

■コラム　突撃隊と親衛隊■

　国軍を構成する陸海空軍とは異なる、ナチス直属の武力集団に突撃隊と親衛隊があった。

　第一次大戦敗戦の翌年の1919年、「ドイツ労働者党（後に国家社会主義ド

イツ労働者党と改名）」に加わったヒトラーは、旧軍人や旧警察官を中心に数十人の私的な警備隊を作った。「ドイツ労働者党」の集会や街頭デモを、左翼政党からの攻撃や妨害から守るためだった。これが1921年9月に、突撃隊（SA: Strumabteilunng）として正式に発足する。名称は大戦時の決死部隊の名称からつけられた。失業者が溢れるなか、職を失った元兵士の行き場として急速に隊員を増やした。制服に身を固め、腕にはカギ十字の腕章をつけ、隊列を組んで街頭をデモ行進し、ユダヤ人や左翼団体に暴力を振った。武器も棍棒、ナイフ、ピストルといったものから、小銃、機関銃を持つようになった。1930年1月には7万人の隊員であったが、2年後には70万人、1934年には300万人の大集団になった。ベルサイユ条約によって、10万人に制限されていた陸軍は突撃隊を条約外の隠し兵力として資金援助し、軍事訓練まで引き受けた。警察も突撃隊を取り締まらなかった。中国の文化大革命時代、紅衛兵の数々の暴行を警察が取り締まらなかったのと似ている。

　突撃隊参謀長（隊長はヒトラー）のレームは、突撃隊を正規軍を補強するもの、あるいは予備軍として、国防軍、警察に次ぐ第三勢力たらんと構想していた。

　親衛隊（SS: Schutzstaffel）はヒトラーの護衛のために作られた組織で、1925年に8名の隊員で創設された。その後、ナチスのエリート集団として発展し、第二次大戦の直前には25万人の集団になっていた。入隊条件は厳しく、純粋なアーリア人種が必須条件で、18世紀にまで溯る家系図が必要だった。必ずしも厳格に守られたわけではないが、身長170センチ以上、金髪と碧眼が条件であった（石出法太『世界の国ぐにの歴史、ドイツ』岩崎書店、1991年）。

　突撃隊の主幹部が暗殺されて半年後の1934年11月、秘密警察ゲシュタポ（Gestapo: Geheim Staatspolizei）が設置された。1936年6月、親衛隊長ヒムラーは警察庁長官を兼務。親衛隊は警察を完全に支配するようになった。

（4）デーニッツとナチス

　第一次大戦の敗戦は、ドイツを大きな混乱の渦に巻き込んだ。経済的には1兆倍を超す天文学的インフレとなり、このためドイツの中産階級は崩壊した。国内政治的には、ロシアの共産主義革命に影響された左翼運動が猖獗を極めた。海軍は左翼勢力からの敵視を免れなかった。デーニッツによれば、1920年代には、海軍士官が軍服姿のままドックや工業施設を通ると不愉快な経験をすることがしばしばだった。

　第二次大戦後の回想録でデーニッツは以下のように回想している。
「共産党が勢力を持つことは、ドイツを共産主義の手に引き渡すことを意味する。第一次大戦直後の共産党がドイツ最大の政党になるに至らなかったのは、偏にナチス台頭のお蔭であった。これがなければ、共産党は恐らく流血革命によって、権力を奪っていたかも知れない。1920年代の中道政党や民主的国家指導部は共産党の伸張を防止出来なかった」
　ヒトラーが国家社会主義ドイツ労働者党（ナチス）の多くの集会で要求したのは、①階級闘争の終結と新しい社会主義、②政治的な外国依存からの解放、③失業をなくして秩序ある清潔な国家を創るため総力の結集、であった。ベルサイユ条約による、対外的に自由を奪われた状態と暗澹たる経済情勢、そして内政分裂の下に苦しんでいたドイツ人の誰もが、このようなナチスの政策に賛成した、とデーニッツは指摘する。
　ナチスが合法的に投票数を伸ばし、議会で第一党となり、1933年1月にヒトラー内閣が成立し、ドイツは正しい道を選んだとデーニッツは思った。これは、ナチスを支持したドイツ中堅層の思いと同じだった。ヒトラー政権の発足後、ドイツは目に見えて興隆したが、デーニッツは国民大衆と同様、これを誇らしいと思った。ヒトラー内閣成立時には600万人以上いた失業者はいなくなった。階級闘争は感じられなくなり、労働倫理が説かれた。デーニッツは多くのドイツ人と同様にナチスの暗黒面（ユダヤ人への弾圧等）については、1938年秋まで知らなかった。
　ナチス幹部との交流もなかった。ヒトラーと意見交換したのは、第二次大戦でドイツの敗色が見え始めて海軍総司令官に任命された後で、ナチス大幹部のヘスとは1940年、ゲーリング（空軍総司令官）とは1941年、ヒムラー（親衛隊司令官、ゲシュタポ長官）とは1943年に知り合ったに過ぎなかった。

第 3 部

第二次大戦勃発

1. 戦雲急を告げる

（1）ベルサイユ条約の破棄と英独海軍協定

　1933年5月、キール軍港を訪れたヒトラーは、レーダーに「可能ならば、できるだけ平和的にドイツを賞賛される地位に高めたい。しかし、必要ならドイツの名誉と自由のため、全ドイツ人が海軍軍服にプライドを持つようにしたい」と言った。これはベルサイユ条約破棄を示唆するものだった。

　3ヵ月後、レーダーは全海軍に、ナチス式敬礼を許すと通達。1935年1月、ザール地方の人民投票により、フランスに占領されていたザール地方が元のようにドイツ帰属となり対英仏関係が緊張した。

　レーダーは大戦後初めてUボート艦隊編成計画を作成するとともに、ドイツ海軍にとって初めての空母の建艦計画を作った。2ヵ月後の1935年3月、ドイツはベルサイユ条約を破棄しての再軍備宣言をする。さらに2ヶ月後の5月、海軍の正式名称を「国家海軍」（Reichsmarine）から「戦闘海軍」（Kriegsmarine）と変更した。

　2年前の1933年秋、レーダーは駐独英海軍武官に「ある程度の規模のドイツ艦隊は、英独両国にとって有利だ」と語ったが、これは第一次大戦後のワシントン海軍軍縮条約により、英米の主力艦が同規模（日本海軍は対英米6割）なので、英独が共同すれば対米発言力が増えるのではないか、という意味を含ませたものであった。しかし英米というアングロサクソンの絆の強さを見誤ったものだったことは言うまでもない。

　1934年11月にも、レーダーは駐独英海軍武官に「ドイツは低い比率でもいいから」と、英独海軍比率の2ヵ国間交渉を持ちかけた。もちろんヒトラーの了承を得ていた。レーダーの目標は対英比率35％の海軍を可能な限り5年間で、遅くとも10年以内に創りあげることだった。長期的仮想敵国の英国と海軍軍備協定が出来れば、英国はドイツ海軍の増強に口を挟めなくなり、独艦隊の近代化を推し進めることができる。

　1935年6月、対英比率35％の英独海軍協定が締結された。当時、ヒトラーの外交政策（欧州大陸への野心）の成功と造船所能力の拡大をレーダーは願っていた。結果として見ればこのどちらも失敗したことが来たるべき第二次大戦の運命を決めたのであった。

　1935年12月から翌年3月にかけての、日米英中心の海軍軍縮会議（ロンドン第二次軍縮会議：日本側代表は山本五十六少将）が不調に終った。英国は海軍増強に向かった。英独海軍協定によってドイツも自動的に増強が可能となった。レーダーは戦艦2隻、空母2隻の計画を戦艦6隻、空母4隻へと計画増で対処しようとした。計画を増し、予算を得ても、造船施設、労働力、鉄鋼の不足が足かせとなった。

　ドイツ海軍にとって、英国が将来の敵と考えることは禁句だった。少なくとも1936年まではそうだった。英国との海上戦には勝ち目がないし、英国の友好的中立があれば、欧州大陸での陸上戦争にはいろいろ打つ手がある。

　もともとレーダーが言って来たことは、フランスと同戦力の海軍にすることだった。対英比率35％というのもこれを根拠にしていた。英海軍の増強に伴い、英独海軍協定の比率により、独海軍を増強すれば対仏パリチー論（同等論）はあまり意味がなくなった。

　対英戦争を考えねばならなくなった1938年の夏、レーダーは信頼していた大洋艦隊司令官ロルフ・カルルス提督の意見を求めた。カルルスは次のように答えている。

　①世界列強になるためには、海外植民地が必要。そのためには海上交通　　線確保と、大洋への進出が不可欠となる。英国との戦争は、すなわち　　大英帝国との戦争である。恐らく対仏戦、対露戦ともなり、世界の半　　分ないし3分の2の国との戦争となろう。

　②英国の海上生命線ともいえる英国西部海岸方面での作戦が可能となる　　強力な艦隊とは別に、4個機動部隊の創設を提案する。1個機動部隊　　の編成は巡洋戦艦1、重巡洋艦1、空母1、駆逐艦戦隊、Uボート戦　　隊、からなる。

　③ドイツの地理的不利を補うため、フランスの大西洋岸、オランダ、デ　　ンマークでの基地が必要となろう。

　ドイツ海軍にとって、弱小の仏海軍は心配の種ではなかった。問題は英海軍だった。英海軍に対しては、①戦闘は出来るだけ避け、通商破壊作戦に集中する戦略と、②艦隊決戦主義戦略、の2つの戦略がある。結果論からいえば、第一次大戦でのティルピッツも第二次大戦でのレーダーも、①にも②にも徹しきれなかった。

主力艦では劣勢なのだから、潜水艦作戦によって①に徹すればよかったともいえるが、ティルピッツもレーダーも、海軍のシンボルが戦艦であるという観念から抜け出ることは出来なかった。第二次大戦末期、レーダー更迭後のデーニッツがUボート戦に徹した戦略に戦略転換したが、既に時遅しであった。

（2）ヒトラーの軍幹部への講話

　1937年11月、ヒトラーは軍幹部を集めて講話を行った。ヒトラーの副官ホスバッハがメモを残しており、これによれば次のようなものだった。
　ドイツの生存圏（Lebensraum）を求めて、今後6年間の外交方針を次のように考えている。
　①増大する人口問題を1943年から1945年までに力によって解決する。このため、陸海空軍を潜在的敵に勝るものとする。
　②東方（筆者注：ポーランド、オーストリア、チェコ）への拡大は、自衛のための資源をもたらし、ソ連に対する緩衝地帯となろう。
　③英国は傾きつつある。ドイツは軍備を精鋭化することにより、海上封鎖を防ぐとともに、海外植民地奪取も可能となろう。
　④欧州大陸や海外において、ドイツが強大となるのに英仏は反対だ。
　ヒトラーの講話は初めて英仏を潜在的敵としたものであった。
　レーダーはティルピッツと同様、英国崇拝者だった。英海軍の力は欧州各国の海軍力と比べて隔絶したものがある。二人は共に、英海軍戦力に近づくために、艦を作る努力を続けた。海軍予算のため、議会対策に苦慮し、国民に理解を求めた。造船所施設の拡充や、技師・工員の充足にも努めた。しかし、時間が足りなかった。各蓄家が一銭づつ貯めていくように、艦船を1隻、1隻と増やした。
　第一次大戦ではその艦が沈められるのを恐れて決戦場には出撃させず、軍港にむなしく停泊させた。第二次大戦でも、水上艦に関しては優勢な英海軍に対して腰が引けてしまい、艦の損失を恐れるあまり積極的に運用することができなかった。巨大な英海軍にどのように対処するか。二人の考えは、弱小艦隊といえども威嚇にはなり、英にとってうるさいもので、ある場合にはドイツと妥協しようか、となる可能性もあるという、いわゆる「フリート・イン・ビイーング」の考えに陥っていた。結局、これは、願

望的なものになってしまった。

（3）弱小なままのドイツ海軍

　既に述べたように、ドイツの地理的不利は決定的だった。大西洋に出ようとすれば、北海を北上して、英海軍根拠地スカッパフロー近くを通るか、狭いドーバー海峡をすり抜けるしかない。ドーバー海峡はまず無理に近い。英海軍は、ドイツ海軍に勝る戦力で容易に海上封鎖ができるのだ。

　ティルピッツもレーダーも、あらゆるタイプの艦によるバランスのとれた艦隊を目指して国の予算を傾注してきた。Uボートのみによる攻撃的海軍戦略をとることはなかった。潜水艦は主力艦の補助艦艇というのが当時の主流の考えであったし、二人は（ヒトラーもそうだったが）、戦艦こそ海軍力の象徴であり、国威の源であると考えていた。ヒトラーは小型戦艦の数を増やすよりも、少数の大型戦艦を望んだ。

　1938年5月24日、ヒトラーはUボート艦隊の拡大と、建造予定戦艦の主砲口径増はできぬか、と尋ねた。4日後の5月28日、ヒトラーはチェコ侵入を公に宣言。レーダーは配下に対英戦争の研究と準備を命じた。

　ヒトラーの基本的戦略は欧州大陸の覇権を握ることで、陸軍の活用を第一とした。海軍に関しては、海軍列強との将来の紛争に備える艦隊の用意だけが頭にあった。海軍列強とは英米を第一とし、日本を第二とした。仏伊は格段に格下である。ドイツ海軍は英海軍に比べ、問題外といえるくらい弱小だ。英艦隊と決戦しても勝てる可能性は少ない。

　結局、フリート・イン・ビーイング艦隊で、外交交渉や紛争時の「睨み」の役割を期待するだけとなる。しかし、艦隊建造には莫大な予算・資源・マンパワーが必要だ。レーダーはこれらの獲得のため、政府・議会・陸軍に対して奮闘した。海のないオーストリアやミュンヘンで育ち、第一次大戦では陸軍の最下級下士官（伍長）だったヒトラ

軍艦を視察するヒトラー

一に、海上通商戦への理解は期待できなかった。

　空軍のゲーリングからの支援を確実にするため、レーダーは海軍航空の独立的開発を正式に放棄したが、後にこのことを悔やむこととなる。もっとも、海軍航空といっても、空母は建造途上のツェッペリン１隻のみで、これも1938年に進水させ、翌年85％完成した。しかし1940年４月に工事がストップされ、1942年３月に工事は再開されたが、完成には至らなかった。結局、ドイツ海軍は空母を１隻も持てなかった。空母を実際の主力戦力化したのは日米両海軍だけである。かつては世界の海に君臨した英海軍も航空艦隊は持たなかった。

　日米両海軍は試行錯誤を繰り返しながら、実用の空母を作り上げていったのであり、技術の積み重ねのないドイツが１隻の空母も完成出来なかったのは当然だったとも言える。

　1938年以降のオーストリア併合やチェコのズデーデン地方（ドイツ人が多数住んでいた）併合が続き、レーダーはヒトラーの政策に不安を感じるようになった。1938年から翌年にかけ、数度辞任の希望を出したが、ヒトラーにより却下された。しかし、徐々にではあるがヒトラーからの信頼を受けるようになり、このため海軍の存在感が高められると同時に、海軍が必要とする諸資源の確保が出来るようになった。

　国家元首、行政府の長にして軍事最高司令官を兼ねる総統ヒトラーに絶対服従し忠誠を誓うことはドイツ軍人として当然のことだった。また、どんな政治的動きに対しても、レーダーは中立を守り、関わりを避けた。ブロンベルク国防相やフリッチ陸軍総司令官の辞任後も、自身の後継者を作らなかった。レーダーの後継者は、ヒトラーの意に叶う者が選ばれ、これによって海軍へのナチスの影響が増すのは必然だ。しかしやむを得ないとはいえ、なるだけこれを避けたかった。

　国家社会主義イデオロギーに同化せず、総統との間で摩擦を起さず、海軍を厳しく統制して、ティルピッツ以来の伝統である強力海軍を作り上げるのがレーダーの目標となった。

　欧州大陸での覇権に野心を持ち、対英戦のリスクも辞さないのがヒトラーの外交政策だったが、レーダーは敢えて反対しなかった。レーダーにとって、英海軍はあまりにも強力過ぎて、対英戦は考えられないからだ。

　ナチスのリーダー達と会うのは不愉快だった。ナチスの各種の行事や儀

式に参加するのも不愉快だが、海軍や国家のことを考えれば、これは細事であると我慢した。

　後に、敗戦後の連合国によるニュルンベルグ裁判で、レーダーは次のように証言している。

　　「国家社会主義の国で海軍の独立を維持するためには、程度の差こそあれ、国家社会主義の基本原理と軍の基本原理は合致しなければならぬ。自分はその原理をどの辺で受け入れるか、を決断した」

　レーダーを解任した後、ヒトラーは次のようにぼやいた。

　　「帝国海軍とか、クリスチャン海軍とかいって、レーダーのやったことは、海軍将校団の排他性と統一性、保守的正当性を不朽のものにする目論見を反映したものだった」

　レーダーは自分の影響の低下を恐れて、何度も辞任を申し出ている。ある時は好ましからざる結婚問題を抱えた総統付海軍副官を辞めさせない限り自分が辞任すると言ったり、ヒトラーが海軍建艦計画を批判した時も辞任を申し出ている。しかし、ヒトラーにとってレーダーは扱いやすかったのだろう。陸軍の将軍たちとは違って、1943年1月に更迭するまで、レーダーを交代させようと考えたことはなかった。

（4）レーダーの元帥昇進と英独海軍条約の破棄

　1939年2月と4月、戦艦ビスマルクと戦艦ティルピッツがそれぞれ進水。この4月にレーダーは元帥（Grossadmiral）に昇進した。ナチス政権下で最初の海軍元帥だった。

　同年4月28日、英独海軍軍備条約が破棄された。6月にレーダーは、「総統が大規模な海軍増強を命じた」とシュツットガルトで演説した。

　5月には、ヒトラーからポーランド問題を解決する手段を取ると伝えられていた。英国が干渉すれば、えらいことになる。戦争なくポーランド問題に対処し得るのだろうか。レーダーは、ヒトラーが英国とうまくやるだろう、と考えた。戦争が迫っているのは明らかだった。Uボートの司令塔から艦番号の表記が消去され、実弾演習も始まった。

　8月中旬、神経質となったレーダーは、戦艦ドイッチュランド、シューペ、それに何隻かのUボートを北海、大西洋に向わせた。ドイツ艦隊のこの動きには英国から抗議がきた。

レーダーは考えた。次の戦争は軍事衝突に留まらず、国家対国家、民族対民族の総力戦（Gesamtkrieg）となろう。総力戦においてきわめて重要なのは経済戦争（Wirtschftkrieg）であって、経済戦争の基本は味方の海上交通線の防衛と、敵のそれの切断と破壊だ。大西洋は通商の大動脈路で、この通商線をめぐる戦いは経済戦争勝敗の要となろう。来るべき総力戦は陸軍と空軍だけでは限界があり、海軍がより重要な役割を担うようになろう。当面の潜在敵国はフランスとロシアであり、英国の中立が大前提である。

　レーダーは独海軍内で対英戦争に関する議論を禁じた。

　1935年11月当時、国防相はブロンベルグ将軍で、陸海空の総司令官はそれぞれ、フリッチ、レーダー、ゲーリングだった。

　1938年2月、空軍総司令官ゲーリングと、親衛隊・警察・ゲシュタポの三機関の長を兼ねるヒムラーの二人は、①ブロンベルグ国防相の最近の再婚相手に売春婦の前歴があること、②フリッチ陸軍総司令官が同性愛に耽っていること、の二点をヒトラーに注進した。

　レーダーは、ゲーリングが全軍のトップになりたいとの野望があると考えていた。ゲーリング、ヒムラーや親衛隊情報部長ヘイドリッヒ（元海軍士官）といったナチス党幹部は、ナチスに一定の距離を置く貴族出身の将軍達に打撃を与え、失脚させるスキャンダルの種を探して暴露したのだと思った。影響力の大きくなっていた突撃隊の参謀長レームを謀殺したのもゲーリングとヒムラーだった。

　貴族（主として、プロイセンでユンカーと呼ばれた土地所有貴族）出身者の多い陸軍上層部は、ヒトラーを少なからざる軽蔑と軽視で眺めていた。1932年の任官表によれば、全陸軍士官4,000人中820名が貴族出身者だった（ヴァルター・ゲルリッツ『ドイツ参謀本部興亡史』学習研究社）。

　1944年7月のヒトラー暗殺未遂事件の首謀者フォン・シュタウヘンベルグ大佐の母は伯爵家の出で、大佐はプロイセン近代陸軍創設者の一人グナイゼナウ将軍の曾孫である。事件には多くの貴族将校が関わっていた。ヒトラーは前の大戦時、下士官最下級階級の伍長だった。もちろん貴族ではない。

　前大戦中、東部戦線での赫々たる戦歴から参謀総長、次長となった貴族のヒンデンブルグやルーデンドルフに対する貴族将校の態度はヒトラーに

対するのとは異なっていた。ヒンデンブルグが敗戦後大統領になっても、
陸軍上層部は一目も二目も置いていた。貴族出身者が大多数をしめる参謀
本部にヒトラーは劣等感を持ち、参謀本部案にことごとく反対して、自分
の案を強制するようになるのは、この後である。

　ブロンベルグ将軍の再婚相手の前歴が警察のファイルに残っているのを
レーダーが知ったのは将軍の結婚式（1月12日）だった。レーダーはブロン
ベルグに再婚相手の真実を公表すべしと迫り、別れられないのなら名誉あ
る自殺を選べ、と伝えた。ゲーリングの国防相への野望に対処するため、
1月末ヒトラーの許に行き、ブロンベルグの後任にフリッチ陸軍総司令官
を任命するよう要望した。この時、ヒトラーからフリッチに同性愛の疑い
がある、と聞かされて衝撃を受けた。

　レーダーはヒトラーから国防相になる気はないかと言われたが、はっき
り断った。国防相の仕事の多くは陸軍関係だ。これに関係することは危険
が多い。しかも、レーダーは当時、辞任を考えており、ナチス党幹部のゲ
ーリング、あるいはヒムラーが国防相になるのを恐れていた。

　フリッチが駄目となれば、ルントシュテット将軍でどうかと推挙した。
結局、このスキャンダルでブロンベルグもフリッチも辞め、1938年2月4日、
国防軍最高司令部（OKW: Oberkommando der Wehrmacht）が創設され、
総統のヒトラーが OKW の司令官を兼務することとなった。OKW の参謀
長には、ヒトラーの副官のようだとかオフィス・マネージャーとか揶揄さ
れたヘルム・カイテル将軍が就任した。

　翌3月、フリッチの裁判でレーダーは弁護側の証人として証言したが、
消極的証言だった。これは陸軍の問題だとして深入りを避けたのである。
OKW 司令官兼務はヒトラーの陸軍への影響力増大を意味した。OKW の
創設により、陸軍による全軍へのリーダーシップは減少していったが、こ
れは海軍にとって好都合ともいえた。国防相のポストがなくなったので、
レーダーは直接、最高司令官のヒトラーと会えるようになった。

　以降、海軍は内政や財務に束縛されることなく、ヒトラーの外交政策に
よって、建艦計画が容易に進むようになった。ただ、個々の艦の大きさ、
兵装、艦隊構成までヒトラーは口を挟んだ。

2．第二次大戦の緒戦

（1）戦艦の損失を恐れるヒトラーへの不満

　1939年9月1日、ドイツ軍がポーランドに侵攻。9月3日英仏は対独宣戦布告し、第二次大戦が始まった。レーダーは、ポーランド問題の解決が延びることはあっても戦争になるとは思っていなかった。それに、ヒトラーからは、1944年まで海軍を戦争に直面させることはしないと確約を取り付けていたのがあっさりと破られたことに衝撃を受けた。

　この大戦争に臨む準備が完了しているとはとてもいえない状態だった。Uボート艦隊はよく訓練され、よく組織化されていたが、戦局に決定的影響を及ぼすには余りに弱体過ぎた。水上艦隊は数からも力からも英艦隊ととても比べられるものではなかった。

　レーダーは英海軍を、保守的で、空軍、水上艦、Uボートの三次元からの攻撃への訓練ができていないと見ていた。三軍の最高指揮官である総統ヒトラーに、海軍の運用を委ねて欲しいと要望したが許されなかった。ヒトラーは言う。「英海軍がドイツ海軍による水中からの三次元攻撃で傷を負えば、英国のプライドは傷つけられ、将来の対英交渉の芽を摘む恐れがある」と。

　ヒトラーは、あくまで欧州大陸での主導権を握ることを狙っており、英国とは事を構えたくなかったのだ。弱体のドイツ海軍であっても、存在していることが無言の圧力になって英国との交渉に役立つ、というのがヒトラーの考えだった。

　レーダーは苛々した。

・開戦初期なら、英国の準備もまだ充分ではなく、ドイツにも勝機はある。
・艦隊を港に停泊させたままにしておくことは将兵の心理に悪影響を及ぼす。実際、第一次大戦中の大洋艦隊では士気が落ち、あろうことか水兵の反乱にまで繋がったではないか。
・英国が防衛準備（例えば護衛船団方式）を完了する前に、可能な限り多くの打撃を与えたい。国際条約を無視しても無制限潜水艦作戦を実行すべきだ。
・これが及ぼす中立国（特に米国）への影響も考慮したが、迅速な成功に

より、そんなリスクを帳消しできる。米の英支援や米英同盟化は、戦争の前提条件として考えておかねばならない。

・戦争地域宣言をして、無制限潜水艦作戦を行い、英に大打撃を与えるべきだ。

レーダーは、この考えを実現すべくヒトラーや外務省に働きかけた。ヒトラーは逡巡し、決断しなかった。

9月2日、U30号は英連絡船アセニアを武装商船と誤認して撃沈した。英国は国際条約違反として、この一件を宣伝材料にした。英仏の対独宣戦布告の前日であった。

既に前年の1938年、Uボート艦隊のデーニッツは、Uボート300隻保有と、開戦となれば全ての資材をUボート建造に集中することをレーダーに要求していた。

レーダーはヒトラーに、「現在も将来も最も危険な敵は英国だ。英を降服させるために、海上封鎖をして干し上げる。このためには、Uボート建造に資源を集中されたい」と直言した。

英国との決戦は避けたいヒトラーは、レーダーの要望には応じず、海軍を最優先することを拒否し、空軍第一を命じた。しかしUボート建造予定数は減らさなかった。とはいえ、資源にも限りがある。第二次大戦勃発の1939年9月から、レーダーが退任する1943年1月までの約3年半で建造されたUボートの数はレーダーの望んだ数には達しなかった。

U47号（艦長ギュンター・プリーン大尉）が英海軍の北海根拠地スカッパーフローで、戦艦ロイヤルオークを撃沈させたことにヒトラーは大いに喜び、英仏船への無警告攻撃を認めるようになった。

開戦当初より、主力艦隊を後方に置いて前線に出さないヒトラーにレーダーは不満だった。これでは第一次大戦の二の舞になる。主力艦を出撃させた際、ヒトラーはいつも心配した。主力艦は国のシンボルだからだ。第一次大戦時のウイルヘルム2世の考えや心配と同じだった。戦艦ドイッチュランドは母国へ帰港を命じられ、艦名をリュ

ヒトラーとレーダー

ーツォフと変えられた。ドイッチュランドが沈められれば、その艦名からして影響が大きいというのが艦名変更の理由だった。

開戦1ヵ月後の10月、戦艦グナイゼナウ、巡洋艦ケルン、それに駆逐艦9隻を北海に出動させた。英艦隊を英国近海に封じ込めるためである。また、英国東部海岸への機雷敷設作戦を命じた。翌11月にはグナイゼナウとシャルンホルストの2戦艦を英近海に出動させた。ドイツ戦艦グラーフ・シューペは大西洋で英海上交通戦破壊に従事しており、2戦艦の出動は英艦隊のグラーフ・シューペ探索を断念させるためだった。

（2）海上作戦

1939年12月、大西洋で行動中の戦艦グラーフ・シューペが英艦隊と戦い、損傷を受けて南米のモンテビデオに逃げ込もうとして包囲された。ハンス・ラングスドルフ艦長は、モンテビデオに入港して拘留されるか、自沈するかの判断を海軍総司令部に仰いできた。レーダーはヒトラーと相談した。艦長への命令は「拘留されることは論外。出て戦え。沈められるとしても、その前に敵艦を沈めよ」だった。しかし、艦長は艦を自沈させ、自身は自決した。ヒトラーは艦長の戦意不足に怒り、重傷を負わせた英巡洋艦エクゼターを沈めなかったことに失望した。

勇敢な駆逐艦やUボートの艦長に比べ、戦艦の艦長や、艦隊司令官などの高級将校はあまりに戦略思考が過ぎ、戦闘という現時点への関心が薄い。レーダーは公式的にはラングスドルフ艦長を守る発言をしたが、本心は「自艦が沈むまで、徹底的に戦え」と批判的であった。以降、レーダーはいったん戦闘になれば、全ての艦は最後まで戦えと命じるようになった。

しかし、1941年12月、日本が参戦して以降は、海軍をフリート・イン・ビィーングとして活用することを考えるようになった。すなわち政治的、外交的、軍事的役割のために温存しようとした。特に大型艦は英雄的に沈めるよりも、戦争が終って後の艦隊の核として維持しようと考えた。

戦艦群司令官マーシャル提督に対してもレーダーはあきたらぬ感情を持っていた。先制攻撃への逡巡と攻撃精神不足に怒った。戦艦の任務は主砲を撃つことであって、機雷敷設艦援護の煙幕を張ることではない。戦艦シャルンホルストとグナイゼナウをなぜ早く活用しないのか。戦艦の活躍を期待するレーダーはマーシャル提督を戦意不足を理由に更迭し、後釜にギ

ュンター・リューチェス提督を据えた。

　レーダーは戦艦と巡洋艦を大西洋に出撃させ、敵商船攻撃に使ったが、ヒトラーは戦艦を通商破壊作戦に使用することに乗り気ではなかった。戦艦は敵艦隊と戦うもので、ドイツの国威と国力の象徴であるとの思いがヒトラーにはある。戦艦の損失をひどく恐れ、レーダーの戦艦出撃作戦に常に消極的か反対であった。戦艦ビスマルクがフランス海岸沖で、英空母アークロイヤル艦載機による魚雷攻撃を受け沈んだ時（1941年5月27日）には激怒した。レーダーによる戦艦や巡洋艦作戦は、あくまでも商船が目標だった。同戦力以上の英艦隊と出遭った場合は戦闘を避けさせた。大西洋の戦いは、徐々に英空母と英空軍の威力が増していった。

　Uボート艦隊の活躍と比べ、主力艦の働きは少なかった。今まで、主力艦建造に金と資材を注入してきたため、Uボートの建造は遅れがちだった。

　レーダーは自分の政策を次のように正当化した。

　①主力艦建造は、その時代の政治的必要性によるもので、総統が決定したものだ。ヒトラーは最後の最後まで、対英戦争は1943年ないし1945年まで延ばしたがっていた。この時期まで主力艦建造計画を続けていたならば、英海軍に対して主力艦も相当の戦いができるようになっていただろう。

　②主力艦建造によって多くの造艦、造兵技術の修得ができたのも事実だ。

　③ドイツが主力艦を持っていることは、疑いなく英国の重荷になった。

　④主力艦と駆逐艦の相当な戦力を持っていたから、北海機雷敷設作戦やノルウエー進攻作戦が可能となった。

　⑤主力艦が必要という政治的制約下で、また、議会・陸軍・空軍からの口出しの中で、Uボート艦隊の増強も図ってきた。これが、迅速なUボート戦力形成を可能にしたのだ。

　⑥海軍の団結は何よりも必要だ。批判は建設的なものでなければならぬ。その兵器を現実に使用している者からの批判であれば聞く。

　レーダーを中心とする海軍総司令部は、海軍航空とUボートを軽く見る傾向があった。どんな新しい戦略的状況になろうと、戦艦だけが海上貿易を保護するとともに、敵の海上交通線を切断し、決定的海戦に対処し得る。潜水艦はその補助役という考えだ。

（3）ヒトラーとレーダーの基本戦略の違い

　ヒトラーとレーダーの基本戦略には大きな隔たりがあった。ヒトラーの究極の目的は欧州大陸の主導権を握ることであり、西でフランスを屈服させた後は、東のソ連に目を向けるのは自然といえた。ドイツ人は一般にフランス文化には憧れを持ち、一目置いているが、ロシアは文化の一段劣った国と思っている。20数年前の第一次大戦でドイツは西部戦線が膠着・長期化し、このため国内経済が疲労の極に達して敗れたが、東部戦線ではタンネンベルグの戦いでロシア軍を壊滅させ、勝利のままでソ連と停戦条約を結んだ。

　飛行機、戦車はもちろん、全ての兵器でドイツ技術がソ連を凌駕している。軍の運用に関しても戦術に関しても、ロシア崩壊後の共産ソ連軍（赤軍）将校を教育したのはドイツ陸軍だ。ナポレオンの伝統を継ぐ世界有数の陸軍国フランスを第二次大戦初期に僅か2ヵ月で屈服させた。意気揚々のヒトラーの胸中にはソ連恐るに足らずの思いがあった。

　海軍を率いるレーダーの主敵は英国だった。何をおいても対英戦に戦力を集中すべきであって、主戦場は大西洋と地中海である。

　1939年11月末、ヒトラーは英仏攻撃に言及し、西部戦線が自由になった時初めて対ソ戦ができると言った。1940年5月10日、ドイツ軍はオランダ・ベルギーに進出。この日、英国ではチャーチルが首相となった。6月14日パリ陥落。6月22日フランス降伏。ヒトラーが軍に対ソ戦準備を命じたのは、フランス降服3ヵ月後の9月中旬であった。

　英米と戦っても敗れぬための生存圏（Lebensraum）をまず確保する。そのために、西のフランスと東のソ連を屈服させ対英米戦争に備える。それまでは英国との交渉の余地を残しておく。これがヒトラーの考えだった。

　英国は海軍兵力を、①アジア方面、②大西洋、③地中海、④英国近海に分散を強いられている。①はもちろん、アジア植民地防衛のための日本海軍への備えであり、②はフランス占領により、大西洋沿岸に基地を持つに至ったドイツ海軍への備えだ。④はドイツの英本土進攻への備えである。

　フランスの大西洋岸に基地を確保した機会をとらえて、北アフリカを占領、地中海に進出し、英のインド・アジア方面との海上交通線を切断する戦略をレーダーは考えた。

　ドイツはソ連から石油や工業資源を輸入している。これなしに対英海上

戦の遂行はできない。また、ソ連がドイツを攻撃する兆候もない。ソ連との戦争ともなれば、東バルト海でのUボート訓練の脅威となる。

　Uボートが戦果をあげるかどうかは、一にかかってUボート艦長（大尉クラス）以下の乗組員の技量と士気にかかっている。300隻を超えるUボート乗組員の養成は一朝一夕にはできない。今までのバルト海のように安全な海がないと潜水艦の訓練は不可能だ。まず、英国を破り、然る後に対ソ戦だ。これがレーダーの戦略であり、ヒトラーのソ連攻撃戦略とは異なっていた。

（4）英本土進攻計画

　対仏戦は1940年5月10日に始まり、6月14日にパリ陥落、同月22日フランスの降服で終了した。この6月、レーダーはヒトラーにアイスランド占領計画を進言した。アイスランド占領後、続いてアイルランドを占領して、ノルウエー、アイスランド、アイルランドから英国を包囲する作戦である。その時点では、英本土上陸作戦は考えていなかった。

　1ヵ月後の7月、ヒトラーは英本土進攻計画を8月中旬までに作成するよう陸海空軍に命じた。これは、「あしか（Seelöwe）作戦」と命名された。計画段階で上陸時期が決定できず、また上陸地域に関しても広範囲地点上陸案（陸軍）と狭域地点上陸案（海軍）が対立した。レーダーは7月末時点で、上陸は10ヵ月後の1941年5月下旬がベストと報告。これに対してヒトラーは、空軍が英国南部の空軍基地、海軍基地、港を攻撃し、効果があれば1ヵ月後の9月15日を上陸日とし、効果が少なければ来年5月まで延期すると答えた。ヒトラーは9月20日を上陸日と考えていたものの、英空軍に与えた損害が過大報告だったことが明らかとなり、悪天候が近づいていることもあり延期となった。10月にはさらに翌年の春に延ばされた。海軍は「あしか作戦」準備のため多大の労力と資材を費やした。

　開戦1ヵ月後、レーダーはヒトラーに対してノルウエー沿岸占領を進言した。Uボート基地をここに置くことにより、潜水艦戦が有利になる。北海経由でのスウェーデンからの鉄鉱石輸入が絶えることはドイツの鉄鋼生産に致命的となるが、ノルウエーを確保すれば、海上交通路の安全性が増す。英国は今後、ドイツの北海から大西洋に抜ける海路をさらに閉じるようになろう。この問題はフランスを占領して、仏大西洋岸を確保すること

である程度解決する。Uボートのみが何とか運航できるとしても、ドイツ本土とフランス大西洋岸基地との間の海上交通線が英海軍によってますます妨害されるだろうことはもちろんだ。

　英国がノルウエーに上陸占領する事態は差し迫っている。英国がノルウエーに与える影響は大きい。特に、ノルウエー議会やユダヤ系のカール・ハングロー大統領は英国贔屓だ。ノルウエーを失えば、北海ひいては大西洋での海上戦が困難となるばかりでなく、英海軍の手がバルト海にまで及んでくる。

　開戦３ヵ月後の12月、レーダーは「ノルウエー国家党」のリーダーであるキスリングと会い、英軍のノルウエー占領が差し迫っているのを感じた。このキスリングに働きかけ、ノルウエーの要請で進出するという口実にすればよいと考えた。ノルウエーを占領すれば、北海作戦を有利に展開できると同時に、大西洋への道を広くできる。またスウェーデン産鉄鉱石の輸入が確保できるし、バルト海がUボート訓練のための安全な海になる。

　ドイツ軍がノルウエーとデンマークに進出したのは、対仏戦１ヵ月前の1940年４月９日だった。同年６月フランスを占領することにより、大西洋に直接面する基地を持つことになった。

　陸軍中心のドイツにあって、孤立的海軍を守ることをレーダーは自分の使命と考えた。

　フランスが降服した1940年６月から、レーダーが海軍総司令官を辞任する1943年１月までの２年半の間、レーダーの戦略案は地中海獲得戦略だった。ジブラルタル、マルタ、スエズの地中海交通線は大英帝国の生命線のひとつだ。地中海を制すれば、英国を乾し上げるのが早められる。米国が干渉してくる前の1940年から翌年の冬にかけて、地中海作戦を実行すべきだ。レーダーから見れば地中海方面が主戦場であったが、ヒトラーにとっての主戦場はソ連だった。

（５）ノルウェー防衛と対ソ戦
　ヒトラーにとって、対ソ戦の目的は、①共産主義政権の壊滅、②「ドイツのためのインド（ソ連）」の獲得（大英帝国繁栄の富の源泉がインドであったように、ソ連を獲得してインド化してドイツの富の源泉にする）、③東方でのゲルマン人入植地保有であった（ヴァルター・ゲルリッツ『ドイツ参謀本部興

亡史』、守屋純訳、学研、1998年）。ヒトラーが対ソ戦（バルバロッサ作戦）の準備を命じたのは1940年12月18日。対ソ戦の開始は翌年の6月22日である。

レーダーは対ソ開戦直後の7月に次のように考えた。

①英国を破ることがこの戦争の基本だ。

②大西洋の戦いこそが決定的に重要である。

③ソ連が崩壊すれば、英国の意思を弱めることができても、米国からの英国支援には影響しない。

④英国の主要海上交通線である大西洋の運命は、地中海の運命と深く係っている。

⑤ドイツ軍が占領しているフランス領北アフリカ、西アフリカを失えば、英国打倒は不可能となり、南ヨーロッパを脅かされることとなろう。

1941年3月、ノルウエーのロッテン諸島に英奇襲隊が一時上陸し、基地の暗号書類を強奪した。この事件後、ヒトラーはノルウエー防衛に関心を向けるようになり、戦艦を大西洋に出すのに消極的となった。ヒトラーにとって、海軍の存在価値はUボート作戦とノルウエー防衛になった。

1941年6月22日独ソ開戦。開戦から1年後の7月17日からスターリングラード攻防戦が始まった。死闘を続ける東部戦線でソ連が持ちこたえている最大の原因は、米国からの大量の物資援助だった。この援助の二大ルートは、北極海からソ連のムルマンスクへのルートと、北太平洋から津軽海峡経由ウラジオストックへ、そこからのシベリア鉄道だった。日ソ中立条約を結んでいる日本は、ソ連国旗を掲げた米国輸送船が次々と津軽海峡を通過するのに手が出せない。ドイツとしては、ソ連へのルートを何としても潰す必要があった。ムルマンスクへの護衛船団攻撃「虹作戦（Regenbogen）」が空軍、Uボート、水上艦によって行われたのは1942年の年末だった。

ヒトラーは、スターリングラードで戦っている第六軍の戦況で頭が一杯となり、ソ連を屈服させるためには、ムルマンスク経由の大量軍事物資の流れを遮断しなければならなかった。ヒトラーは水上艦の投入も命じた。ノルウエーのフィヨルドに何もせず碇を下ろして時間を空費していては水上艦隊の意味がない。

レーダーは、巡洋艦ティルピッツとヒッパー、巡洋艦リューツォフとシェーアを主力とするタスクフォースを編成して虹作戦に投入した。北極海

方面司令官オットー・クリューベル少将には「同戦力の敵護衛艦隊がおれば攻撃を避けよ」と伝えた。レーダーの頭には、艦隊は存在しているだけで価値があるという「フリート・イン・ビーング」の考えがあった。艦隊さえ存在しておれば、敵との交渉時に役にたつ。しかし艦を失うようなことがあればヒトラーの怒りが待っている。

　水上艦隊は護衛船団を攻撃したが、英巡洋艦が現れて反撃してきた。巡洋艦ヒッパーが損傷を受けると、オスカー・クメッツ艦隊司令官は撤退を命じた。クメッツからの無電は入らず、Uボートからは空が赤くなったとの無電が入った。

　ヒトラーは大戦果をあげたと思い、1943年の新年会でこれを招待者に披露したが、英国の放送局は「全護衛船団は無事。ドイツ駆逐艦1隻を沈め、巡洋艦1隻に損傷を与えた」と放送した。虹作戦が失敗と分かったヒトラーは激怒し、レーダーに対し、能力に劣り戦意に欠ける高年齢士官の更迭と役立たずの主力艦をスクラップ化し主砲は陸上砲台として使用することを命じた。

　1942年2月には、戦艦をノルウエーに派遣して英軍のノルウエー上陸に備えよ、というヒトラーの指示をなんとか放棄させた。今まで、ヒトラーに対しては、レーダーはそれなりの影響力を発揮してきたのだが、徐々にそれも難しくなっていった。1942年末頃になると、戦争全体の戦略決定の場からレーダーは締め出されるようになり、孤立感を味わうようになった。ヒトラーの海軍作戦に苛々することが少なくなかった。

　ロシア戦線の悪化で多くの将軍が解任された。1942年末から翌年に至る冬季の厳寒は、全てを凍らせる冬将軍となって到来した。寒さと補給不足、ソ連戦車群の猛攻にドイツ第六軍は孤立し、1943年2月2日、第六軍のパウルス元帥はソ連軍に降伏し、対ソ戦の敗色は濃厚となった。

（6）海軍への不満を爆発させるヒトラーとレーダーの辞任

　レーダーが海軍のトップとなってから14年間経過して67歳になった。海軍の独立と利益防衛と自己の権力保持のための闘争に疲れていたのに加え、ヒトラーとの接触の機会も減り、影響力は低下していった。空軍のゲーリング、陸軍のカイテル、軍需相のアルベルト・スピア、それに海軍Uボート艦隊のデーニッツらとの関係は悪化していたわけではなかったが、発言

力は明らかに低下した。宣伝相ゲッペルスとの間は微妙なものとなった。

1942年3月28日、英空軍はフランス大西洋沿岸のドイツ海軍基地を爆撃した。この日、ゲッペルスは日記に「海軍のことはレーダーが全部知っている。総統はそのうちのわずかしか知っていない」と書いている。

翌4月、キール軍港が空襲を受けた。海軍は空軍の防衛体制が充分でなかった、と報告した。ゲッペルスの日記には「海軍のリーダーシップが問題だ。お祈りが多すぎて、仕事が少なすぎる」と記された。

レーダーによれば、陸軍のカイテルはヒトラーの盲従者で、軍の権威にナチスが入り込んでくるのを許している。空軍のゲーリングの手下ないし、引き立て役だ。

海軍のライバルはナチスの有力幹部ゲーリング空軍総司令官だった。1939年1月、艦隊増強計画に際して、資源を貰う代償として海軍は航空を放棄した。8ヵ月後に第二次大戦が始まると、空軍の支援不足で海軍作戦に多くの支障が生じた。レーダーの要望にゲーリングは言った。「飛んでいる物は全て私のものだ。役立たずの水上艦船のために大事な空軍を犠牲にできぬ」。

レーダーのヒトラーへの最後の要望は「海軍を守って欲しい」だった。

日本海軍の真珠湾奇襲成功後、海軍では空軍への反感が強まった。レーダーは海軍航空の独立を強く望むようになった。空軍は4発長距離爆撃機の開発に失敗した。これがあれば海軍作戦には大いに役立っただろう。空軍は技術的に完成していない磁気機雷を投下したが、英側はすぐに対応策を編み出した。空軍の偵察能力不足も問題だった。

レーダーは空母建造よりも戦艦建造を優先した。このため空母グラーフ・ツエッペリンの完成が遅れ、結局は完成させられなかった。空母が1隻もないのだから艦載機の開発もできなかった。制空権のない海上では水上艦作戦は不可能になっていた。

兵器類の効率的生産のため、軍需省が創設されたのは1942年2月。軍需相のシュペアはデーニッツのUボート作戦に理解を示した。シュペアはその年の暮、レーダーの後任はデーニッツだという噂を聞き、翌1943年1月初旬、Uボート建造に関してレーダ

ゲーリング

ーとの間に諸問題があるので、Ｕボート戦のためレーダーを更迭すべきだとヒトラーに進言した。

レーダーとデーニッツの戦略観には違いがあった。

デーニッツは、「海軍の主たる目的は大西洋の通商線破壊で、戦力を分散させるレーダーの地中海作戦には反対。また、Ｕボートの主たる目的でない気象報告、水上艦作戦支援、敵上陸阻止作戦にＵボートを使うことには賛成できない」と言った。

米国参戦直後の1941年12月、デーニッツは米国の海上交通線切断を狙う「太鼓打ち作戦」（Paukenschlag）を実行したが、レーダーはＵボートの使用を６隻しか認めなかった。Ｕボートによる大西洋での英国支援ルート破壊作戦では、1942年夏には成果が上っていた。デーニッツの声望が高まるとともに、軍需相シュペアとデーニッツとの関係が深まった。

レーダーの水上艦隊とデーニッツのＵボート艦隊が対立するようになった。

1943年1月6日、レーダーとヒトラーとの１時間半に及ぶ長時間の会談で、ヒトラーは次のように海軍を非難・攻撃した。

①大洋艦隊は、前の大戦でも今次大戦でも重要な役割は何もやらなかった。前の大戦での大洋艦隊の消極性について、海軍はウイルヘルム２世の消極性を攻撃する。しかし、これは皇帝の支持のあるなしに拘らず、戦おうという行動の男が海軍にいなかったからだ。

②ノルウエー作戦では、海軍より空軍の働きがよかった。

③役に立たぬ戦艦はスクラップにして、主砲は沿岸警備砲にせよ。時代遅れの戦艦を廃棄するのは、陸軍が騎兵隊を廃止し、戦車部隊を創設したようなものだ。

ヒトラーの海軍への不満爆発に、レーダーは黙して弁解しなかった。総統からの信頼を失えば職務続行は不可能だ。レーダーは直ちに辞表を提出し、辞任式を1月30日に行いたいと申し出た。

ヒトラーが総統に就任して以降のドイツは、ワイマール憲法体制の共和国ではなくなり、第三帝国とも呼ばれる。1943年は第三帝国10周年目で、レーダーが海軍総司令官に就任15周年目だった。ヒトラーはレーダーの辞任を了承し、後任候補者を２名挙げよと命じた。艦隊司令長官のロルフ・カルルスとＵボート艦隊司令官のデーニッツの名前をレーダーは挙げて、

二人とも良いが、一人を選ぶとすればカルルス提督を選ぶとして次の理由を挙げた。

　①カルルスは多くの艦種や組織の経験が豊富であるのに対して、デーニッツはUボートの経験のみで戦争全体が分からない。

　②カルルスの方が階級が上で、デーニッツと比べ、他の高級将校との間の紛争が少ないだろう。

　何事もバランスと秩序をまず考えるのが官僚だ。官僚型軍人レーダーらしい考えだった。国家元首であり、軍の最高司令官である総統への忠誠が軍人の最大義務であると考え、行動してきたレーダーはその後もヒトラーと対立するような言動はとらなかった。ただ、次のことは言った。

　①大洋艦隊の解散（戦艦のスクラップ化等）は、深刻な敗北の表明であり、敵を喜ばせ、枢軸国の失望を買う。

　②ゲーリングの空軍は海軍支援を満足にやらなかった。昨年11月の連合軍の北アフリカ（アルジェリアとモロッコ）上陸に関して、空軍が支援してくれれば、これを阻止できただろう。

　③大洋艦隊を解散すれば、英米艦隊はドイツの海岸近くを自由に航行し、独空軍は有力な戦力でなくなる。特にノルウエー方面や、悪天候下の状況ではそうだ。

　④戦艦が姿を消すことは、敵にとって政治的、宣伝的勝利となろう。

　1943年1月17日、ヒトラー付海軍補佐武官クランケ提督より、次の内容の命令がレーダーに伝えられた。

　①戦艦、重巡洋艦のスクラップ化に関する考えは変らない。

　②建造中の空母ツエッペリンの工事も中止する。

　③東部戦線の戦況が芳しくないので、資源は重点的に戦車生産に向ける。

　④必要なUボートや沿岸警備艇は作る。

　⑤戦闘なくして、戦略的効果や勝利をもたらすというフリート・イン・ビーイングの考えはとらない。

　⑥Uボート戦は必要ならば続行する。しかし東部戦線でソ連を破らない限り、Uボート戦の意義は少ない。

　ヒトラーはレーダーの後任にデーニッツを選んだ。デーニッツは直ちに、訓練目的以外の戦艦、重巡洋艦の予備艦化を命じ、レーダーと共に海軍を率いてきた高級将校の多くを更送した。海軍に関する事柄は全て自分が判

断し、他はこれに従うべしというのがレーダーだったから、海軍戦略を共有していたのは側近の幕僚に限られていた。デーニッツは対照的だった。現時点の戦争に直接的に必要なものを、大胆に、実際的に発言した。

「問題は戦争に勝つことなんだ。戦後に海軍はどう振舞うかなど意味がない。海軍の戦いとはUボート戦なのだ」

レーダーは戦艦、重巡洋艦を中心とした水上艦と潜水艦のバランスのとれた海軍を作ろうと長年努力してきた。空母も作ろうとした。レーダーによれば、主力艦は国の威信と海軍の象徴である。戦争になっても、これを温存しておけば敵国との交渉に役立つと共に、敵への威圧にもなる。たとえ敗北しても海軍再建の核となる。

デーニッツは違った。戦争をしない主力艦など何の役にも立たない。現実に英海軍と日々戦っているのはUボートで、実際に戦果をあげている。英海軍と比べ、戦力で劣る主力艦で英国を破ることはできないが、Uボート戦で英国を屈服させるのは可能だ。敗戦後のことなど考えて主力艦を温存させる考えはナンセンスだ。

国軍最高司令部参謀総長のカイテル元帥は日記に、「海軍内に二つの軍事ドグマが面と向き合っていた」と記していた。

1943年1月30日の退任式で、レーダーは退任理由の第一に健康の不安をあげた。レーダーの辞任希望はこれが最初ではなかった。1938年11月にも辞任を申し出たが、戦争勃発の恐れがある時点だったので辞任はできなかった。大戦が始まってから後の1941年と1942年にも医者の勧告で辞任を希望したが、いずれも許されなかった。

海軍のトップとなってから、レーダーは国内各方面との闘いに明け暮れた。第一期は、国防相のグレーナー将軍や次官のシュライヘル将軍との対立だった。第二期は空軍との対立で、これはゲーリングとの闘いだった。第三期は部下提督との軋轢があった。

レーダーはこの間、一貫して海軍の統一と団結、総統への忠節を海軍関係者に求めた。

辞任後、ヒトラーから海軍戦略その他で意見を求められることはなく、監察官という閑職で仕事はなかった。1944年7月21日、ヒトラー暗殺未遂事件が起った。ゲーリングや親衛隊のヒムラーから嫌疑をかけられるかも知れないと思ったレーダーはヒトラーに直接会見を求め、「必要なら、い

つでもドイツのために生命を投げ出す」と伝えた。

　海軍は国家元首に忠節を尽くしてきた。帝政時代は皇帝に、大戦の敗戦後はプッチ首相、エーベルト、ヒンデンブルグの両大統領、第三帝国となってからはヒトラー総統に忠節を尽くした。ナチス最高幹部のゲッペルス宣伝相もレーダーのヒトラーへの忠節を認めていた。

　ヒトラー暗殺未遂事件後、前国防相のオットー・ゲスラー将軍は疑われて拷問を受けた。1945年3月、レーダーは病院にゲスラーを見舞い、身体に残る厳しい拷問の跡を見て憤慨した。この事実をヒトラーに知らせると息巻くレーダーに、ゲスラーは「やめてくれ」と言った。拷問はヒトラーが命じてやったことだったのだ。怒ったレーダーは、今まで常に軍服に着用していたナチスの最高栄誉章である黄金党徽章を外した。

　1943年2月2日、スターリングラード攻防戦で独第六軍（パウルス元帥）はソ連軍に降伏。独ソ戦勝利の望みは薄くなった。翌年6月2日、連合軍はノルマンディーに上陸した。東部と西部の二正面作戦を強いられるようになり、戦局は絶望的となった。太平洋方面でもこの年6月14日にサイパン島に米軍が上陸開始。1週間で日本軍は壊滅した。1945年4月30日、ヒトラーはベルリンの総統地下壕で自殺。デーニッツがドイツ代表となり、5月7日、連合国に降伏した。

　レーダーの夢は、ドイツの世界列強入りと列強にふさわしい艦隊を創り上げることだった。一軍人として政党のナチスとは常に一線を置いてきた。デーニッツ提督が敗戦を目の前にして、崩壊寸前の政府のトップに就任したことを非難した。軍は政治の世界から一線を隔すべき、という軍の責任を放棄したとの理由である。しかし、ナチスの最高栄誉である黄金党徽章を1937年に貰ったのは、陸軍のフリッチ将軍とレーダーの二人だけだった。

　海軍総司令官時代、レーダーは部下のデーニッツを野心のきわめて強い者として扱い、上官としては謙虚な態度で臨んでいた。レーダーとデーニッツとの間は冷たいものだった。軍需相のシュペアにもあきたらぬものがあった。デーニッツの要求を呑みすぎた結果、水上艦の建造や技術問題に関して、海軍のコントロール喪失を招いた、と考えた。

第4部

第二次大戦におけるＵボート艦隊
――デーニッツの潜水艦戦略――

1．潜水艦問題

（1）第一次大戦の敗戦と潜水艦技術の温存

　第一次大戦後のベルサイユ条約により、敗戦国ドイツは戦車、空母、潜水艦を持つことは出来なくなったが、ドイツの潜水艦関係者はさまざまな手段を使って潜水艦技術を温存しようとした。

　1920年、敗戦後のドイツ海軍に「魚雷・機雷検査部」が創設され、ここが潜水艦技術保有の拠点となった。世界の海軍は第一次大戦で恐るべき戦力となった潜水艦に着目した。このため、ドイツの潜水艦技術者は各国に招かれた。潜水艦乗りも各国海軍に招かれ、潜水艦部隊の創設顧問となったり、乗組員訓練を指導した。彼等は19ヵ国の50以上の潜水艦プロジェクトに参画した。以下、何件かのプロジェクトを紹介する。

　①1921年、アルゼンチン海軍は第一次大戦中のUボート戦隊司令カール・バルテンバッハ中佐を招いて、潜水艦部隊を創設しようとした。バルテンバッハはドイツ式潜水艦10隻による部隊創設案を作り、この潜水艦の設計と建造に関してドイツ海軍に打診した。これに対してドイツ海軍は1922年、表向きは民間潜水艦建造指導会社で、実際はドイツ海軍の潜水艦開発部門である隠蔽会社（IvSと略称）をオランダのハーグに創設した。この会社は1932年までの10年間で数多くの潜水艦設計を行い、自社でも建造した。

　②日本海軍も、1905年からクルップ・ゲルマニア造船所でUボートの設計主任として多くの潜水艦を手掛け、戦後はオランダに亡命していたテッヘル博士を1924年12月に招聘し5ヵ月間に亘って指導を受けている。川崎造船所は多くの人材（技術者だけでなく元Uボート艦長も含む）を派遣してもらい、潜水艦建造に着手した。

　ドイツ海軍は1927年、秘密裏に「Uボート計画室」を創設し、オランダに設立した隠蔽会社に資金援助をしつつ、第一次大戦中のUG型潜水艦の研究に当らせた。第一次大戦中、各種の型の潜水艦を実験艦として建造してきたが、UG型とUF型は最後の実験艦で、ドイツ敗戦のため完成せずに終っていたものである。

　隠蔽会社は、トルコ、スペイン、フィンランドの海軍から注文を受けた。

特にUF型を基に設計・建造されたフィンランド海軍の「フェシコ」（250ト
ン）はドイツ海軍の訓練に使用され、フィンランド海軍に引き渡されたの
は1936年1月であった。

（2）第二次大戦の勃発と潜水艦戦

　1939年9月1日、ドイツ軍のポーランド侵攻により第二次大戦が勃発した。
この時点でドイツ海軍は57隻の作戦用Uボートを所持していた。そのうち
の半分は小型の沿岸防衛用でバルト海方面に配備されていた。25隻が外洋
型で、うち18隻がⅦ型、7隻がⅨ型であった。北海から大西洋に直ちに
出撃出来るのは18隻しかなかった。

　デーニッツをはじめ海軍関係者は、9月1日のドイツ陸軍のポーランド進
攻が対英戦争に結び付かないことを願った。9月3日、英国の対独宣戦のニ
ュースを潜水艦司令室で聞いたデーニッツのつぶやきを近くにいた幕僚の
耳は聞き逃さなかった。

「うーん。また英国と戦争か！」

　第一次大戦で敗戦を迎えたのは21年前であった。デーニッツはすぐに司
令室を出て私室に入り、30分間出て来なかった。再び、幕僚達の前に現れ
た時にはもとのデーニッツに戻り、「敵は決った。敵に勝つ武器とリーダ
ーシップがある。長期戦となろうが、めいめいが義務を尽くせば勝てる」
と訓示した。

　第二次大戦勃発直後の1939年9月末、ヒトラーがレーダー海軍総司令官
を従えて、ウイルヘルムスハーフェン軍港の郊外にあるデーニッツの司令
部を訪れた。デーニッツはかねて
からの所論を開陳した。

「英国周辺海域に常時100隻のU
ボートを作戦展開させれば、英国
は必ず崩壊する。そのためには30
0隻のUボートが必要だ。Uボー
トこそ英国に決定的ダメージを与
える兵力である」

　デーニッツの説明は、極めて精
力的、楽観的、説得性に富むも

海軍を視察するヒトラー

のだった。前線から帰ったばかりのUボート艦長との会食でもヒトラーは感ずる所があった。ヒトラーは感銘を受けてベルリンに帰った。

海軍総司令部は、毎月29隻（これは結局25隻となった）竣工との潜水艦建造計画を関連部内に通告していた。潜水艦の場合、建造命令から引き渡しまで2年半ないし1年7ヵ月。引き渡しを受けても、前線で使用出来るようにするには、試運転と訓練のため、さらに3，4ヵ月が必要である。

1940年前半の月間新造艦引き渡しは平均2隻、後半は6隻、1941年前半には13隻に達したが、当初予定の29隻から25隻にはならず、1941年後半には月間平均20隻となった。

開戦直後の1939年9月3日現在、就役していた潜水艦は56隻で、そのうち出撃準備を完了していた艦は46隻。その中で大西洋に出撃可能な艦は22隻、残りは北海方面でしか運用出来ない250トン級の艦であった。機雷敷設は250トン級によって実施され、英側資料によれば、1940年3月1日までに機雷接触によって沈没したのは115隻39万4500トンであった。

デーニッツは戦意昂揚のため、スコットランド北部オークニー諸島にある英艦隊根拠地スカッパフローへの潜水艦による隠密攻撃を考え、U47号艦長プリーン大尉に白羽の矢を立て、強制はせずに作戦をやれるかどうか、尋ねた。プリーン大尉は沈思した後、快諾した。

10月8日、U47号はキール軍港を出港。10月14日、スカッパフローで戦艦ロイヤルオークを魚雷攻撃で轟沈させ、10月17日にウイルヘルムスハーフェン軍港に帰投。プリーン大尉は一躍英雄となって、ニュース映画や雑誌を賑わせる存在になった。

自らが潜水艦隊司令部を訪問した1ヵ月半後に、U47号が戦艦ロイヤル・オークを魚雷攻撃で撃沈したと報告を受けたヒトラーは狂喜した。3日後の10月17日、デーニッツは少将に進級し、Uボート艦隊司令官となった。

（3）潜水艦の特色と艦種

デーニッツは、潜水艦の特色を次のように説明する。

①魚雷搭載艦として適しているが、甲板が低く視野が限られていて大砲搭載には不向き。

②機雷敷設に適している。敵に見られることなく敵の沿岸に近づき、往来の要衝に侵入して機雷敷設が可能。

　③他のどんな艦と較べても、水上では速度が遅いから、隠密行動を除いて偵察には全く不向き。

　④水上艦は大型化すればするほど戦力強化に繋がるが、潜水艦はそうではない。以下は、大型化すれば生ずる問題点である。

・水上から水中への急速潜航に要する時間が長くなる。

・前部荷重が増す傾向にあり、急な前傾は危険。

・操艦全般が複雑になる。たとえば、潜望鏡を水面上に出す深度の操艦が難しいし、艦体が長くなり、前部あるいは後部に荷重がかかり、艦の揺れが大きくなると共に、敵に発見されやすくなる。特に外洋に出た時やうねりのある時がそうだ。

・大型艦は機動性と旋回性に劣る。

　⑤洋上で１ヵ所に大型艦を配置するよりも、中型艦を数隻配置する方が敵を発見して戦果を挙げるチャンスが大きくなる。2000トン級１隻を造るよりも500トン級を４隻造る方が有利である。

　デーニッツが潜水艦隊司令に就任した1935年夏、建造中ないし完成していたＵボートは次の通りであった。

・Ⅱ型：250トン、前部発射管３門、12〜13ノット、行動半径3100マイル。これは小型でシンプルのうえ色々の面で出来が良かった。12隻。

・Ⅰ型：712トン、前部発射管４門、後部２門、17ノット、行動半径7900マイル。急速潜航の場合、前部荷重が大きくなり、操艦訓練を要した。２隻。

・Ⅶ型：500トン。前部発射管４門、後部１門。16ノット。行動半径6200マイル。

　これは、第一次大戦時のBⅢ型を基に、シューラー技師（船体）、ブレーキング技師（機関）の二人によって開発された。詳細な試運転と実地試験の結果、操艦しやすく安全で信頼出来るものと分った。大きさの割に戦闘力は、魚雷搭載数が12本から14本で強大。急速潜航所要時間は20秒。水中での性能も良く、水上速度は16ノットと比較的速く、旋回性能も良かった。欠点は、燃料搭載量が67トンと少量のため、行動半径が6200マイルと短いことだ。相反する要求の全てを非常にうまく組み合わせてあり、ほんの僅かに大きくしただけのⅦB型では、行動半径を伸ばすことが出来た。ある機関長の提言により、艦体構造のうち、まだ使えるスペースを有効に利

用し、艦を17トンだけ大型化することで、燃料搭載量を108トンに引き上げ、行動半径を8700マイルに拡大出来た。

1939年1月から、VⅡB型はVⅡC型に替った。僅かに大型となり、艦首と司令塔が改善された。

1937年春、デーニッツは海軍総司令部に、英独海軍協定で許される潜水艦保有量の4分の3をVⅡ型、4分の1を遠距離への各個出撃のための行動半径の大きいⅨ型（740トン、行動半径1万2000～1万3000マイル）にするよう提言。海軍総司令部は単独作戦行動用の2000トン級の巡洋潜水艦を考えていたため、1935年以降、海軍総司令部と潜水艦艦隊司令部との間に意見対立した。海軍総司令部は、水上艦でもそうだったが、大型艦を好む傾向があった。大型艦は国の威厳の象徴と考えられていた時代である。これに対して、実際に潜水艦を運用する潜水艦艦隊は、操艦性を重視し、図上演習を重ねることによって、多数の中型潜水艦を作戦海域に運用することが戦果を挙げるための重要要素と考えた。デーニッツが潜水艦艦隊司令に任命された1935年から、第二次大戦勃発の1939年までに引き渡しされた潜水艦の数は次の通りであった。

1935年14隻、1936年21隻、1937年1隻、1938年9隻、1939年18隻。

デーニッツがUボートの主力にしようと考えたVⅡ型は、まず1935年1月、ゲルマニア造船所（キール）に4隻発注された。VⅡ型はその後、続々と改良型が生れたので、最初のVⅡ型はVⅡA型と呼ばれた。1号艦はU27号。同時にウエザー造船所（ブレーメン）にも6隻のVⅡ型が発注された。

起工から1年6ヵ月後に進水した。1937年2月末までに10隻全てが進水。ちなみに、U27号は1936年6月24日に進水し、竣工は1ヵ月半後の8月12日。艦長ヨハネス・フランツ少佐のU27号は、第二次大戦勃発直後に商船1隻を沈めたものの、1939年9月20日、ヘブリディーズ諸島（スコットランド北西）西60マイルの地点で爆雷攻撃を受けて沈んだ。作戦艦に編入されて11ヵ月後の短命であった。艦長以下38名の乗組員は英海軍に救助され、捕虜となった。

VⅡ型は、武装、操縦性、水中能力等バランスのとれた良好艦だったが、前述のように航続距離が短いのが玉に瑕だった。このため、燃料タンクを17トン分増やして航続距離を伸ばし、併せて魚雷搭載本数を11本から14本に増やした改造型のVⅡB型が設計された。1936年11月、ゲルマニア造船

所に７隻（U45号〜U51号）が発注され、翌年5月には２隻、7月には２隻が追加注文された。ＶⅡB型の１号艦であるU45号は注文から１年半後の1938年4月27日に進水し、その２ヵ月後に竣工した。艦長アレキサンダー・ゲルハール少佐の下に出撃し、大戦勃発直後３隻の商船を沈めたが、10月14日にアイルランド西南の大西洋で機雷接触によって沈み、生存者なし。作戦艦に編入されてから４ヵ月の生命だった。

　このＶⅡB型建艦に関して、ゲルマニア造船所だけでは注文を捌き切れなくなり、フルカン・ヘゲザック社（ブレーメン）、フレンダー造船所（リューベック）も建造の一翼を担うようになった。

　ＶⅡB型には、水中聴音器のアクティブソナーを格納する空間がないので、空間を備えたＶⅡC型がその後、建造されるようになった。ＶⅡC型の１号艦のU93号は1940年1月8日に進水。アクティブソナー取り付けに時間がかかり、竣工は７ヵ月後の7月30日。艦長ウエルナー・プファイフェル大尉の下に出撃。４隻の商船を沈め、1942年2月2日、大西洋アゾレス諸島沖で爆雷攻撃を受け、水上に出てからは英艦と衝突、砲撃を受け、沈没。艦長初め大部分の乗組員は救助され捕虜になった。

　攻撃型Uボート以外にも、ＶⅡ型改良型艦として機雷敷設が出来るＶⅡD型が６隻建造された。１号艦はU213号で1941年8月30日竣工。艦長ハンス・フォン・ファーレンドルフ大尉のU213号は、翌年7月31日爆雷攻撃を受け沈没し乗組員は全員死亡。

　軽量ディーゼルエンジン搭載のテスト艦ＶⅡE型は計画のみで終った。

　また、魚雷運搬用のＶⅡF型（魚雷を24本運搬出来る）は、U1059号からU1062号まで4隻が建造された。

　ＶⅡF型の第１号艦はU1059号で艦長はギュンター・ロイボルト大尉。1943年5月1日に竣工。翌年3月19日、アフリカ大陸西方沖にあるケープ・ベルデ諸島の南西沖で航空機からの攻撃を受け沈没。インド洋で行動中のUボートに魚雷補給のため、日本軍占領のシンガポール近くのペナンに向け航行中であった。対空機銃担当のフィッツゲラルド少尉は沈没の際、救命ゴムボートに空気を入れ、艦長初め他の生存者２名と共にゴムボートに乗り、艦の破片物にすがって浮いている５人を収容した。その他、７人以上が海上に脱出したが、沈んだり、サメにやられたりした。救命ボートの8人は米駆逐艦コリーに発見・救助され捕虜となった。

なお、艦長カール・アルブレヒト大尉のU1062号は1944年4月19日にペナンに到着し、極度に不足していたUボート用の魚雷を補給した。ペナンからの帰途、大西洋に出ると、潜水艦司令部より、日本に向かって航海中のU219号にケープ・ベルデ諸島沖で燃料補給せよとの命令を受けた。この無電が米第10艦隊（対Uボート作戦艦隊。司令官は、合衆国艦隊司令官キングが兼務）に傍受、解読された。第10艦隊司令部は、近くの2個タスクグループ（一個タスクグループは低速軽空母1隻と4隻の駆逐艦より構成される）に出動を命じた。1944年9月30日、水中のU1062号は米駆逐艦の水中ソナーに探知され、爆雷攻撃を受けた。水中から4回に亘る爆発音が聞こえ、低速軽空母を中心とするタスクグループによるUボートの最初の撃沈であった。

（4）望ましい潜水艦体制

　潜水艦隊司令官となって、デーニッツは1938年から翌年の冬、図上演習を実施し、次の結論を得た。英国との戦争になったら、このような潜水艦隊が必要と考えるに至った。

　①300隻体制（100隻が作戦海域で活動、100隻が基地と作戦海域への出動中ないし作戦海域から帰途の途中、100隻がドックに入って手入れと乗組員休養中）を取れば、大西洋での英国通商線破壊に決定的な戦果を挙げ得る。

　②作戦海域に存在する潜水艦を陸上から指揮することは不可能。敵と若干離れた位置で浮上して指揮を指揮官が執るのが望ましい。そのため、建造中の潜水艦の一部に高性能の通信機器を装備する。

　③現在の保有量と建造割り当て量、建造速度を考えれば、ここ数年間の潜水艦増加量を推測して、通商破壊戦には少なすぎる。

　④大西洋における潜水艦戦に関しては、ⅦB型と ⅦC型を3、航続距離の長い Ⅸ型を1の比率で運用するのが効果的である。

　1935年夏の時点で、ドイツ海軍が建造中ないし建造済の潜水艦は、Ⅱ

デーニッツと幕僚

型（250トン）12隻、ⅤⅡ型（500トン）10
隻、Ⅰ型（712トン）2隻であった。

Uボートの内部

デーニッツは、1936年、艦種をⅤⅡ型に絞
るべきだと考えた。理由は、Ⅱ型は武装
（魚雷発射管3門）、航続距離3100マイル、
水上最高速度12〜13ノット、いずれも貧
弱であり、Ⅰ型は急速潜航の際に前部荷
重が大きくなりすぎ、危険で操艦が難し
い、ことであった。

　デーニッツは、更に1937年春には海軍総司令部に、①建造の主体をⅤⅡ
型とし、建造の4分の3をⅤⅡ型とする、②残りの4分の1は航続距離の
長い行動半径12000マイルのⅠⅩ型（740トン）にすべきと進言した。

　ⅤⅡ型の乗組員は44人。士官4人、准士官4人、その他である。士官は、
艦長、先任士官（航海長）、次席士官（水雷長）、機関長。

　艦内組織は、航海科と機関科に分かれる。機関長は技術士官で、ディー
ゼルエンジン担当の准士官と電気モーター担当の准士官を指揮する。航海
長は准士官の操舵長と水夫長を指揮する。4人の准士官の下に下士官と水
兵が配置される。下士官と水兵の比率は、大体、下士官2人に水兵3人。

　軍医はいない。無線通信士が即席の医術習得コース（2〜3週間）を受
講して対処した。

　湿気のため、衣服がいつも湿っていて洗濯も出来ず、航海中（最大2ヵ
月）は身体を洗うことも出来ないから皮膚病に罹る者が多かった。

　44人の乗組員にトイレは2ヵ所。それも出航直後は1ヵ所のトイレを食
糧倉庫に使う。汚物はハンド・ポンプで艦外に排出するが、深度25m以上
潜航すると、水圧で排出出来ないので、バケツを使用する。

（5）Uボートの建造

　第二次大戦となると、Uボートは艦種をⅤⅡ型に絞って大量生産され、
主として、キールのゲルマニア造船所で建造された。造船所では、艦体を
各ブロック毎に作り、溶接して一体化する生産方式を採った。艦に搭載す
る兵器、機関、諸機械、艤装品、部品等は、ドイツ各地の工場で分散生産
した。これは、空襲からの被害を最小限化する狙いもあった。

Uボートの組立作業

　艦首を１種類に絞ることによって浮く設計陣のマンパワーは製造工程の
合理化のためのマンパワーとして使われた。このため、所要建造日数は次
のように短縮された。

　起工から内殻水圧試験完了まで76日、主電動機搭載まで134日、主機械
搭載まで154日、電池搭載まで177日、進水まで210日。

　以上のように進水まで７ヵ月間。その後の諸艤装に３ヵ月間。公式試験
に１ヵ月間かかった。この期間はその後、更に短縮された。

　ⅤⅡ型の数に関して、受注されて未完成のものまでも含めると1452隻が
記録されている。このうち、411隻が途中で何等かの理由により、着工前

にキャンセルされている。従って実際に着工注文のあったのは1041隻になる。このうち、324隻が1943年9月30日付で建造途中キャンセルとなった。このため、717隻が実際に建造されたが途中で空襲のため、破損したものもあり、海軍に引き渡されたのは709隻。

戦後、英海軍はUボート関係の資料を押収して、詳しく調査した。その調査によると、4712隻の記録が残っていた。このうち、3552隻は竣工していない。ということは、1160隻が竣工したことになる。1100隻以上のUボートが建造されたことは間違いない。このうち、700隻以上がⅦ型であった。

Uボートの変り種としては、洋上のUボートに燃料を補給する重油補給用のタンカーⅩⅣ型や、水中での高速を狙ったⅩⅩⅠ型（水中速度17.5ノット）がある。後者は大戦末期の1944年6月に1号艦が完成し、以降120隻が竣工した。しかし、油圧装置の故障が頻発して海上攻撃作戦には1隻も参加出来なかった。

（6）英米海軍の対Uボート作戦

Uボートの商船攻撃に英国は必死に耐え、次のような対Uボート戦術を次々に編み出していった。

哨戒航空機や護衛艦へのレーダー搭載、護衛船団方式の導入と護衛方法の訓練、沿岸哨戒機と護衛艦の戦術統合、Uボートの発信電波からの位置探査、Uボート暗号の解読。

1941年1月の米英巨頭会談（カサブランカ会議）の主要議題はUボート対策だった。この会議で米海軍トップのキング（合衆国艦隊司令長官兼海軍作戦部長）は、対Uボート作戦を次のように分析した。

①Uボート部品工場の爆撃、②Uボート造船所の爆撃、③Uボート基地の爆撃、④海上でのUボート攻撃と撃沈、⑤護衛船団方式の徹底と護衛艦船の充実。

キングは②を最も効率的であるとすると同時に、⑤を採用すべき最善策と考え、これによって軍の作戦を進めるべきだとした。これはキングの慧眼だった。対Uボート戦というと④を考えがちであるが、効率はよくない。Uボート造船所を破壊すれば、Uボートの建造は出来なくなるしドックでの補修も不可能となる。

もちろん、④に関して英独海軍は必死になって戦った。英海軍の新戦術は次のようなものであった。

（7）英独両海軍の潜水艦戦新戦術

　①水中での超短波を利用して、Ｕボートの位置、針路、潜航深度を測定する水中測定兵器アスデックの開発・改良。アスデックは駆逐艦はもとより、トロール漁船や捕鯨船のキャッチャー・ボートにも取り付けられ、Ｕボートの多い海域に配置された。こうして、昼間水中に潜んでいるＵボートはアスデックによって発見され、攻撃されるようになった。

　②Ｕボートの攻撃方法の研究。どのように、爆雷攻撃するのが最も効率的であるのかの数学的研究。多くの数学者が動員された。これら数学者の研究成果は後にオペレションズ・リサーチ（ＯＲ）として知られる理論となった。

　水中では電池の電力によって動くＵボートは速度も遅いし、すぐに電池があがってしまう。このため、Ｕボートは夜間に浮上したまま、商船群を襲う。それまでは、Ｕボートは単独で商船を襲っていたが、護衛船団を多数のＵボートが多方向から襲う戦術（ウルフ・パック・タクティクス。狼攻撃戦術）も採り始めた。

　水面ぎりぎりに浮かぶＵボートはなかなか発見されにくい。1940年10月には護送船団に多数のＵボートが襲い掛かり夜間攻撃を２晩に亘って決行し、31隻の商船を沈めた。水上を航行するＵボートはアスデックで捉えにくい。

空から攻撃されるＵボート

　英海軍は、船団が夜間攻撃を受けると、Ｕボートがいそうな上空に照明弾を上げて、Ｕボートを発見し、サーチライト照射を行う。Ｕボートが潜航するとアスデックで位置を探って爆雷攻撃を行う。夜間でもレーダーで位置を捕捉されるようになると、Ｕボートは群を作って昼間に水上攻撃をするようになった。

　英独海軍は次のような戦術で死闘を繰り返した。

　①英海軍は駆逐艦にレーダーを備えて、夜間に浮上したＵボートを捕捉

する。

　②複数の陸上の無電傍受所はUボートが相互の連絡のため電波を発射するのを捉え、直ちに、その位置を割り出す。傍受所はどの方向から電波を受信したかが分るから、複数の傍受所が受信した方向が交わる地点がUボートの所在地点である。

　③24発の爆雷をUボートの潜むと思われる地点に、投網を打つように一斉に打ち込むヘッジホッグという兵器も開発された。

　④レーダーで発見されることを知ったドイツ海軍は直ちに、英側が発射する波長が1mのメートル波を探知する「メトックス」と称する逆電波探知機をUボートに取り付ける。レーダーの電波を探知すると直ちに潜航するのだ。これを知った英米側は探知するのが困難な波長10センチのレーダーを使用する。これに対してドイツ海軍は10センチ波の電波に対抗する逆探知機「ナコス」を装備。レーダーでUボートを捕捉した哨戒機は直ちに現場に飛んで、サーチライトでUボートを捉えつつ、爆雷攻撃や機銃攻撃を行う。このため、Uボートには対空機銃が取り付けられ反撃。Uボートが浮上して電波を出すと、地上の複数の無電傍受所が直ちに発信地点を割出し、攻撃機が発進する。Uボートが潜航すると、水中測音機とラジオ発信機を仕込んだ機器を4〜5個海面に投下し、Uボートの動向を上空から探る。

　⑤シュノーケル装備。水中では電池を電源にした電気モーターで動くが、直ぐに電池があがってしまうから水上に浮上して、ディーゼルエンジンによって蓄電する。しかし、夜間に浮上してもレーダーに捕捉されて攻撃を受けるようになった。このため、ドイツ海軍はシュノーケル装置を開発し、ディーゼルエンジン用の空気取り入れ管と排気管の頂部だけを水面に出して、水中に潜んだまま充電可能にした。

　⑥新型魚雷。米英側がアスデッ

水中から吸気筒・排気筒を出してディーゼルエンジンを動かすシュノーケル装置

クやヘッジホッグによる爆雷の精度を高めると、ドイツ側は新型魚雷を考える。商船の出すスクリュー音の方向に進む聴音魚雷だ。これはかなりの成果を上げた。

（8）魚雷問題

　潜水艦の攻撃武器である魚雷の性能や生産量はUボート艦隊にとっては極めて重大だった。敵目標を発見しても、魚雷の手持ちがなければ切歯扼腕するしかない。また、魚雷の深度調整をしてもその性能が悪ければ、魚雷は敵目標の水中下を走ってしまう。信管の精度が悪ければ、命中しても爆発せず、目標の腹に刺さるだけで軽微な被害を与えるだけだ。

　1940年4月のノルウエー進攻作戦にもUボートは小型艦12隻、練習艦6隻も含め31隻出動させたが沈めたのは輸送船1隻のみだった。原因は魚雷の不良であった。磁気爆発式魚雷の半分以上が欠陥魚雷で、衝撃爆発式魚雷の全部が不爆発。魚雷深度が設定通り進まず、船底を通り抜けるのもあった。

　4月20日、海軍総司令官レーダー元帥は魚雷欠陥の原因を究明する委員会の設置を命じた。その結果、水雷検査部の責任者数名が軍法会議で有罪判決を受けた。1年半後の1942年12月に新式磁気爆発信管魚雷が出来るまで、魚雷は衝撃信管式のもののみ使用となった。

　魚雷問題は米海軍でも大問題だった。太平洋戦争初期、米潜水艦使用魚雷も爆発しない魚雷や、設定深度と大幅に異なる魚雷が頻発して、豪州パースに所在する潜水艦隊司令のロックウード大佐（後、太平洋潜水艦艦隊司令官；中将）は、実地試験を繰り返し、そのデータをワシントンの兵備局に突き付けて欠陥魚雷の絶滅を図っている。日本海軍の魚雷は高性能のいわゆる酸素魚雷として有名だが、欠陥問題はなかったようである。

2．デーニッツ、海軍総司令官に就任

（1）レーダーの後任の海軍総司令官になったデーニッツ

　デーニッツは、1939年に少将、1940年に中将、対米戦開始（1941年12月11日）の翌年の1942年の大将に昇進した。

　1943年1月半ば、ベルリンの海軍総司令官レーダー元帥から、パリの潜水艦艦隊司令部にいたデーニッツに電話があった。内容は、自分は辞表を提出し、後任にカルルス提督あるいはデーニッツを推薦するつもりだが、貴官の健康状態を24時間以内に知りたいというものだった。寝耳に水だった。

　レーダー元帥とヒトラーの対立は1942年12月末、ノルウエー北方をロシアに向かう連合国護衛船団攻撃に大型水上艦を使うようにヒトラーが命じたが、思うような結果が得られなかったことが原因だった。ヒトラーは、ドイツ水上艦隊の働きに激怒して、戦艦、重巡洋艦等の大型艦には軍事的価値なし、スクラップ化して主砲は海岸砲に利用せよと命じたのであった。レーダー元帥の後任にヒトラーはデーニッツを選んだ。

　レーダーの辞任と共に、デーニッツは元帥に昇進して海軍総司令官とUボート艦隊司令官を兼務した。レーダー辞任の最大の原因は、ヒトラーによる建造計画中の水上大型艦のスクラップ化命令だった。例えば、ドイツ海軍は開戦前から初の空母グラフ・ツエッペリンの建造に着手しており、1938年12月に進水し、1940年末に完成予定だったが、未完成のままだった。ツエッペリンの艦名は、飛行船開発に功績の大きかったツエッペリン伯爵に由来していた。

　ヒトラーは水上艦への幻想を捨てていた。ベルリンの海軍総司令部でのデーニッツの第一声は、「海上戦はUボート戦である。この主目的に全ては従属せねばならぬ」だった。

　デーニッツは特別列車に乗り、親衛隊（SS）の警護を受け、ナチス高級党員の住むベルリンのダーレム北区に住むようになった。東プロイセンのラステンブルグ近郊にある総統大本営（ヴォルフスカンツェェと呼ばれた；狼の穴の意味）にも自分のオフィスを持った。

　デーニッツの楽観的見方、明快な戦略眼、職務への献身をヒトラーは評

価した。貴族出身者が枢要な地位を占める陸軍参謀本部に、第一次大戦中、下士官で最も階級の低い伍長だったヒトラーは劣等感を持ち、陸軍の将軍達もヒトラーを軽い軽蔑の眼で見ることが少なくなかった。

　海軍が持てる力を発揮出来るためには、ヒトラーからの信頼が必要と考えたデーニッツは、海軍の欠陥や失敗は包み隠すことないようにした。また、要求は率直かつ明快に述べた。ヒトラーはデーニッツと話す時、デーニッツの回想録によれば、「海軍総司令官」の職名以外を使わず、デーニッツの体面を汚したり、平静を失ったことはなく、礼節そのものであった。

　ヒトラーが世に迎えられた原因の一つを、「生来の疑う余地のない魅惑的な人柄から来る暗示的な力で、それは、彼に批判的な人々をも次々と味方にして行った。ヒトラーに近づいた人々はいずれもそうであった」とデーニッツは戦後、回想した。デーニッツも総統本営に出向いた時など、このヒトラーの感化力を度々感じた。そうした場合、暗示から解放されるために、次の日はもう離れなければならないと感じることが多かった。ヒトラーは合法的に政権を握った正当な国家元首であり、彼の命令に従うのが軍人の職責である。ヒトラーは軍人とは全く違った政治的な人間であり、デーニッツは、ヒトラーを知性豊かな実行力のある人物と見ていた。その悪魔的な面を見抜くには遅きに失した、とデーニッツは回顧録に書いている。

　空軍総司令官ゲーリングは、ヒトラーの面前で陸海軍を批判するのをことさら好んでいたこともあり、デーニッツとゲーリングは対立的であった。1943年1月、前線用Uボートは、大西洋担当164隻、地中海担当24隻、北極海、黒海には、それぞれ21隻と3隻が担当していた。前年末の1942年12月に大西洋に出ていたのは1日平均98隻、そのうち39隻が作戦海域にあり、その他の59隻は作戦海域と基地との間を航行中であった。

　1943年初頭、ドイツには国防軍として統一された軍備体制はなかった。陸軍の軍備だけがシュペール軍需相の手中にあり、海、空軍は独自に軍備を調達しなければならなかった。軍需相と空軍総司令官ゲーリングは裏で策を弄し、海軍はいつも損をしているとデーニッツは思った。軍備の中核である鋼材は、中央企画委員会によって配分された。シュペール軍需相がその委員長で、空軍はミルヒ元帥が委員の一人としてメンバーに入っていたものの、海軍は代表者を出していなかった。陸海空軍への軍需資源配分

は、利害が絡むだけに困難だった。日本軍では、陸海軍の調整機関がない
ため纏められず、互いにパリチー（同量）とするしかなかった。太平洋戦
争の主体は海軍、海軍に重点配分して戦局打開すべしとする海軍関係者は
憤激の極に達し、資材がパリチーなら戦さもパリチーでやれ、と憤った。

　チャーチルは国防相を兼務して、自分の戦略に従って軍需資源の配分の
リーダーシップを振った。米国は、陸海空軍（空軍は陸軍航空隊で戦後、空
軍として独立）トップによる統合参謀長会議（戦後、統合参謀本部となる）で
これを決めた。統合参謀長会議は毎週水曜に昼食を挟んで行い、トップの
マーシャル（陸軍）、キング（海軍）、アーノルド（陸軍航空隊）、それに議
長のリーヒ（海軍元帥）の４人だけによって、下僚は一人も参加させない。

（２）Ｕボート戦に注力する

　開戦時、海軍に割り振られた鋼材は、月に16万トン、1941年には17.7万
トン、1942年には11.9万トンであった。1942年の潜水艦建造計画では毎月
22.5隻だったが、現実には月平均19.8隻だった。1943年になると、要求か
ら６万トン減らされ、月に18.1万トンとなった。これは、ドイツの月間鋼
材生産量全体の6.4％。

　1941年と1942年初頭、訓練用とか沿岸用を除いた前線用潜水艦の洋上日
数とドック入渠日数の比率は６対４だったが1942年末には逆転して、洋上
４に対して入渠６まで悪化した。海軍に対する労働者割り当てが少なく、
労働者不足が主な原因であった。ドックが破壊されれば、その比率はもっ
と悪化する。米海軍トップのキング元帥が、対Ｕボート戦争に関して、洋
上で猫が鼠を追うような戦術は、派手で目につきやすいが、効果的なのは、
Ｕボート造船所やドックの空襲による攻撃だとしたの
は、Ｕボート戦の総指揮者デーニッツの挙げる数字を
考えると、さすがだ。

　Ｕボートの攻撃に対して、英国が護送輸送船方式を
採って、輸送船の喪失を防ごうとしたのは、別の意味
の影響を英国に与えたことをデーニッツの回想から指
摘しておきたい。これは、従来、日本ではあまり言わ
れていなかったことだ。

　英側の報告によれば、船団を組む船が待ち合わせ場

キング

ロイド・ジョージ

所に集合することなく、それぞれの巡航速度（最も燃料効率のよい速度）で最短コースを単独航行する場合と比べて、護送船団を組むと３分の１も余計に船が必要だった。船団の形で一挙に入港するから、貨物の積み下ろしは遅れ、効率が悪かった。船団護衛のため、幾百隻の護衛艦、駆逐艦、何百機の飛行機があらゆる海に投入されるから、他の戦場に投入する戦力が減る。第一次大戦初期、輸送船の喪失に音を上げても、英海軍軍令部が護送船団方式に否定的だったのは、このようなことが理由だった。しかし、輸送船の喪失が続けば英国は倒れてしまうとロイド・ジョージ首相は護送船団方式を強権で命じた。

　ドックが空襲で使えなくなれば、Uボートの稼働率が激減する。このため、ドイツはブンカーと称する、分厚いコンクリートで固めた遮蔽体を港内に作った。空襲による直撃弾もこのブンカーを貫通しないから遮蔽体の中の潜水艦は安全である。港の入口周辺には、空から多数の機雷が投下され敷設される。当然、ドイツ側も掃海隊を派遣して機雷の掃海にあたらせた。

　大戦末期には前述したように、Uボートにシュノーケルが装備され、水中での電池充電と艦内換気が可能になった。また、水中最高速度17.5ノット（巡航速度5.5ノット）でしかも音響の極めてすくなく、深度50mから魚雷発射できる水中高速型のXXI型や、ほぼ同性能のXXIII型も末期には出来た。しかし、戦局を打開するには至らなかった。

海から見るブンカー

　洋上潜水艦の喪失率は、1939年17.5％、1940年13.4％、1941年11.4％、1942年は1月〜6月3.9％。7月〜12月8.9％、1943年の1月〜3月は9.2％であった。1939年に喪失率が特別高かったのは、潜水艦の技術的欠陥と乗組員の経験不足と考えられた。

（3）デーニッツの苦慮とバトル・オブ・アトランチックの終焉

　1943年になると、飛行機からのレーダーによる位置探知によって、潜水
艦の水上戦力はほぼ完全に封じられるようになった。空からの監視が最も
厳重な主作戦海域である北大西洋では、Uボート集団による狼攻撃戦術
（ウルフ・パック・タクティクス）による船団攻撃が不可能となり、デー
ニッツはUボートを北大西洋から撤退させた。1943年5月24日、デーニッツ
はUボート艦隊にポルトガル南方のアゾレス諸島南西方面に行くよう命じ
た。デーニッツは言う。

　「我々は北大西洋の主戦場で敗れた。世界2大海軍国英米の巨大な海空防
衛力、なかんずく新式レーダーによって潜水艦戦は圧倒されるようになっ
た。1942年以降、暗号無電が解読されたのも痛かった」

　バトル・オブ・アトランチックの峠は1943年5月だった。この月、北大
西洋で34隻（163,507トン）の商船を沈めたが、これは1941年12月以来の最
低となった。一方41隻のUボートが撃沈され、そのうち37隻は北大西洋で
やられている。沈めた商船の数よりも沈められたUボートの数が多かった
のは1940年4月以来のことだった。

　Uボート作戦が思うように進まず、Uボートの被害が増えていくのをデ
ーニッツは認めざるを得なかった。「敵のレーダー基地は我がUボートに
とって最大の敵だ。敵の航空兵力はほとんど大西洋の護衛船団をカバー出
来るようになった。近いうちに全地域を
カバー出来るようになろう。敵航空兵力
による船団護衛は我がUボートに対し、
常に望みを失わせ、成功を妨げて来た」
と1943年3月の日記に書いた。

　デーニッツの参謀だったギュンター・
ヘッセラー大佐は、戦後にバトル・オブ
・アトランチックの敗因を、①敵のレー
ダー改善・改良の早さ、②水上護衛艦と
護衛空母からの航空機との共同作戦、と
した。②の護衛空母は、1万トン級商船
の船体を利用して建造した安価・低速の
船団護衛に特化した空母で、米海軍はこ

**Uボート艦長に勲章を授ける
デーニッツ**

れを大量に建造して、船団護衛に投入した。重い雷撃機や爆撃機は載せず、戦闘機と潜水艦攻撃の軽攻撃機のみなので、甲板は狭く、速度が遅くても、カタパルトを使用して発艦が可能なのだ。建造期間が短く、安価なので助かった。フランクリン・ルーズベルト大統領は、第一次大戦中を含めて海軍No.2の海軍次官の体験があり、護衛艦についても見識を持って指示した。速度が遅い船団を護衛し、これも速度の遅いUボートに対処するには、高速・重武装。高価な駆逐艦で対処する必要はない。低速・軽武装・安価で対Uボート戦に特化した護衛艦を建造すべき、と指示した。

　バトル・オブ・アトランチックの峠を越えても、ドイツ海軍は400隻を超えるUボートを持ち、その半数以上が作戦行動可能艦だ。

　1944年には水中からジーゼル機関を動かせるシュノーケルを装備するようになった。スクリュー音の方向に進むフォーミング魚雷を開発し、水中速度の速いXXI型、XXIII型の建造も始めた。しかし、英米海軍の対Uボート戦力は愈々充実し、Uボート作戦は散発的にしか出来なくなった。

　戦局が不利になるに従って、Uボート艦隊の士気の低下が目立つようになった。士気の低下を防ごうと、デーニッツは機会を見つけて基地に足を運んだ。Uボート艦長達を前に「護衛船団と戦うのはもはや、不可能と考える者がいるとすれば、それは弱音を吐く者で、Uボートの艦長ではない。大西洋の戦いは、益々厳しくなるが、この戦いが大戦の決定的な戦役である。重い責任を認識し、諸氏の行動をはっきりさせることで、応えねばならない。前を向いて激しく攻撃せよ。予は諸氏を信ず」と訓示した。

（4）英海軍によるエニグマ暗号機奪取とドイツ降伏

　英海軍のバトル・オブ・アトランチック勝利への貢献には、英海軍の独軍暗号解読も大きかった。英国は、第一次大戦の苦戦を反省して、終戦直後の1919年に恒常的な暗号解読機関を創設した。暗号学校（GC&CS; Government Code & Cipher School）と命名し、29人の専門家と37人の事務補佐者で発足した。第二次大戦直前には500人を超す陣容となっていた。陣容の増大と共に、第二次大戦勃発2ヵ月前、ロンドン市内からロンドン北西50マイルのブレッチェリー・パークに移った。この地の頭文字を取ってこの暗号解読機関はBPと略称された。建物は、資産家の株屋が1870年代に建てたものを購入した。

　ドイツ軍はエニグマと称する暗号機を
使って暗号化した電文を送受信してい
た。エニグマ機の基本構造は独人の電気
技師アルトル・シェルビウス博士の考案
によるもので、博士はこのエニグマの製
造販売会社を1923年に設立していた。各
国の軍はこのエニグマを購入していた。

　ヒトラー政権樹立後は、販売を中止
し、その後の改善・研究・製造は独陸軍
が独占するようになった。

暗号発信器エニグマ

　エニグマはタイプライターと外見は似ている。タイプライターと異なる
点は上部に３個のローターが付いていて、ローターを廻すとアルファベッ
ト文字が出るようになっている。このローターが表示する３つのアルファ
ベットがエニグマ機使用のキーとなる。また、背面には多くのソケット穴
のあるプラグ板がある。両端にプラグ持つ複数の短いコードを何本か指定
番号のソケット穴に入れて繋ぐ。ローターのキーを変えることと、プラグ
板の配線を変えることにより暗号化が随時出来るようになっている。無線
士は海軍本部からの指示に従い、ローターのキーを変え、複数のコードを
指定番号につなぎ、後は普通にタイプライターとして打てば、それが暗号
化されて発信される。

　暗合解読には、①暗号手法の理論的解明、②暗号機の入手と、これと同
じ機械の模造、③暗号書、使用書の入手が必要である。①を固めていない
と、②、③は宝の持ち腐れとなる。

　情報は運用（作戦）に役立ってこそ意味がある。①により、暗号が解読
出来ても、解読までに何週間もかかるようでは実際の作戦に役立たない。

　英軍は、作戦情報センター（OIC; Operational Intelligence Center）を創
設し、情報を作戦に役立てる体制を取っていた。日本陸軍の作戦部が情報
部からの情報をシャットアウトし、自身の独断的判断で情報を独自に判断
し、情報部関係者を決して参画させなかったのと対照的である。①、②、
③とによってドイツ軍の暗号情報を直ちに解読して、対Ｕボート作戦に役
立てなければ有益な情報とはならない。

　英軍は暗号学校の陣容を1,000名まで増やして、主として数学者を動員

して暗号手法の理論的解明に当らせた。②と③に関しては、ドイツ軍の気象観測船と、Uボートの捕獲を考えた。ドイツ軍の作戦にとって、気象情報は欠くべからざるものだった。英本土上陸作戦も、その前のフランス進攻作戦、ソ連侵攻作戦でも天候状況によって、作戦の成否が左右される。しかも、この天候状況を知るのにドイツは地理的に不利の条件下にあった。天候は西から東に移っていく。これは、日本列島でも同じだ。ドイツは英・仏より東に位置している。ドイツとしては、英仏より東の海上気象データも必要だった。また、Uボートの活動する北大西洋の天候もドイツとしては、英仏より東の大西洋の天候も重要な情報である。北大西洋の天候は、北極方面から南下する乾いた冷たい空気とノルウエー海を北上する湿った暖かい空気のぶつかる状況、そしてメキシコ湾暖流の北上の状況、に影響される。

ドイツ軍はこのため、アイスランド東方海域を更に北のヤンメエン島の東方の定位置にトロール漁船を改造した気象観測船を派遣し、1ヵ月間以上定着させて気象データを収集報告させていた。貴重なデータを英軍に盗られるのを恐れたドイツ軍は、これを暗号化して送信させている。

エニグマのキーは毎月変更されている。長期滞在するこれら気象観測船には、次の月のキー指定書があるに違いない。英海軍はドイツ気象観測船捕獲作戦を実行した。駆逐艦群で襲って強行接舷し、武装兵が乗り組み、無線室、船長室に乱入してエニグマや暗号書を奪う作戦である。1941年の5月と6月に気象観測船ミュンヘン号とラウエンブルグ号を襲って目的を達成した。

また、損傷を負って浮上したUボートを武装兵で襲い、エニグマや暗号書を奪うことも実行された。1941年5月、英駆逐艦3隻はU110号を爆雷攻撃で追い詰めた。駆逐艦ブルドッグ艦長のベーカークレスウエル中佐は、ゴムボートに武装兵を乗り込ませ、コントロール力を失って波間に漂い、沈みつつあるU110号を襲った。抵抗するUボート艦長を射殺してエニグマと暗号書を奪った。同様に、英海軍は翌年10月にはU559号からエニグマと暗号書を奪っている。

1942年10月、エジプトのポートサイド北方で英駆逐艦群4隻はUボートを発見し、直ちに激しい爆雷攻撃を行った。総計28発の爆雷により満身創痍となったU559号（艦長ハンス・ハイドマン少佐）はもはやこれまでと浮上

した。暗夜の海上に浮上したU559号はサーチライトを浴びせられる。英
駆逐艦長のマークソートン少佐はエニグマと暗号書強奪を決心。副長のフ
ァッソン大尉と15歳の少年水兵が海に飛び込み、U559号に泳ぎ着く。二
人は司令塔の入口から機関銃を乱射しながらコントロール室に乱入。最新
版の小型通信暗号書と小型天候報告書（第2版）を強奪した、これは直ち
に英海軍暗号解読班に送られ、ドイツ海軍の暗号解読に大きな手掛かりと
なった。ブレッチェリー・パークの暗号解読班がドイツ海軍の暗号をほぼ
全面的に解読したのは1か月半後の12月13日である。

　1941年3月の英軍コマンド部隊によるドイツ占領下のノルウエーのロホ
テン諸島に所在するドイツ軍基地奇襲もエニグマと暗号書の強奪が目的だ
った。

　このようにして、英軍は1942年末頃になると、ほぼ完全にドイツ軍の発
信する暗合電報を直ちに解読出来るようになった。

　空軍（ルフトバッヘ）を率いるゲーリングは、ルフトバッヘの崩壊と共
にヒトラーからの信頼を失っていた。ヒトラーが信頼していたのは、この
頃になると、親衛隊やゲシュタポを握るヒムラーと海軍総司令官デーニッ
ツの二人だけとなっていた。1944年6月、連合軍がフランス北部のノルマ
ンディーに上陸。東部方面でソ連軍と戦い、西部方面で連合軍と戦うよう
になれば、ドイツの勝利の可能性はなくなった。連合軍の進攻によって、
ビスケー湾のUボート基地は危くなった。

　ソ連軍の進攻と共に、東部方面から鉄道によって避難が始まった。1945
年1月になると、デーニッツは水上艦を動員して東ドイツ方面からの難民
や将兵を西部に移動していた。4月23日ソ連軍がベルリンに突入。1週間
後、ヒトラー自殺。4月30日午後6時頃、ヒトラーの地下壕から海軍暗号を
使用した一通の無電を受け取った。ヒトラーが自分の後継者にデーニッツ
を指名したものだった。5月7日、デーニッツはドイツを代表して連合軍に
無条件降伏した。

コラム　Uボート作戦の後方を支えたフリードブルグ大将

　デーニッツの雷名に隠れ、ほとんど名前を知られていない人にデーニッツ
より4歳年下のハンスゲオルグ・フォン・フリードブルグ大将がいる。第二

次大戦中のUボート艦隊の後方部門を支えた。後方部門とは、膨大な数の潜水艦の建造と潜水艦乗りの育成と共に必要物資の補給である。デーニッツはフリードブルグを「類のないオルガナイザー。疲れを知らぬハードワーカー」と称賛した。第二次大戦の敗戦の際、「捕虜の辱めを受けるよりも死を選ぶ」として、毒を仰いで自殺。 フリードブルグ

■コラム　Uボート作戦に関するチャーチルの回想 ■-------

　ドイツが取ったUボート戦略が英国をどんなに苦しめたか、英国指導者チャーチルの回想でよくわかる。

　「第二次大戦中で、本当に私（チャーチル）に恐怖の念を起させた唯一の事項は潜水艦による危険であった。（中略）潜水艦戦争は我々にとって、最悪の災いだった。潜水艦戦に全てを賭けたドイツ人は賢明だった」（デーニッツ『ドイツ海軍魂』）

　「大西洋戦こそ、今次大戦を通じての支配的要素であった。どこか別の場所——陸であろうと、海であろうと、空であろうと——で起ったことは、結局全て大西洋戦の結果に左右されていた事実を、そして我々英国民に様々な心配がありながらも、大西洋戦の浮沈を毎日、希望と恐怖を以て見守っていたこを一瞬なりとも忘れてはならなかったのである」（チャーチル『第二次大戦回顧録』第5巻）

　「英国が建造出来る船舶は年間150万トン。これくらいの補充では足りない。更に年間300万トンを必要とする。これだけの量を満たし得るのは米国造船業のみである」（チャーチル『第二次大戦回顧録』第2巻）

　「驚くほど辛抱強く、いかなる損失も、ものともせず、60隻から70隻のUボートがほとんどぎりぎりまで前線で頑張っていた。その（終戦直前に）挙げた結果は大したものではなかったが、それでも胸中に海戦に一つの転機を希望を抱いていたのである。戦いの最終段階はドイツ沿岸水域にあった。連合軍の空襲によって大量のUボートが殲滅されたが、それでもデーニッツが降伏を命じた時には、まだ49隻を下らぬUボートが洋上に出ていた。ドイツの抵抗は、かくも執拗であり、Uボート乗りの勇敢な態度はかくも不動であった」（チャーチル『第二次大戦回顧録』第6巻）

■コラム　英海軍軍令部長カンニンガムのデーニッツ評 ■-------

　「英本土侵攻の不可能が明らかになった後、英国を屈服させる唯一の方法に

カンニンガム

関するデーニッツの判断が如何に的中していたかに私は先ず第一に注目したい。我が国の商船を撃滅することによって我々の首を絞めるという彼の戦術を如何に決然と遂行したことか。大西洋こそ、ドイツ側が勝利を得ることの出来る唯一の戦場であることをデーニッツは常に、はっきりと知っていた。彼は潜水艦を地中海でも、また北極海でも使用しようとする一切の運動を絶えず反対していた。デーニッツの情勢判断は絶対に正しかった。カール・デーニッツは、恐らく、デ・ロイテル（1607年～1676年。英蘭戦争時のオランダ海将）以来の英国にとって、最も危険な敵であった。ドイツの政治指導部が彼の忠言を無視したことは、英国にとって大きな幸運であった」（デーニッツ『ドイツ海軍魂』）

　これは英海軍軍令部長アンドリュー・カンニンガムのデーニッツ評。第二次大戦初期から後期までダッドリー・パウンドが軍令部長を務めていたが、人使いの荒いチャーチルに振り回され過労死寸前となった。その後任がカンニンガムである。小柄で赤ら顔で個性が強かった。

第5部

Uボートのエース
ウォルフガング・リュート

第１部から第４部まで、ドイツ海軍に大きな足跡
を残した提督達を主として紹介したが、第５部で
は、第二次大戦中のＵボート・エースの一人を紹介
し、Ｕボート戦の理解を深める手段としたい。
　第二次大戦中のＵボート戦は、1939年9月3日にU3
0号が英船アセニア号を撃沈したのが最初で、1945年
5月7日に英空軍がノルウエー沖でU320号を攻撃した
のが最後である。この4年8ヵ月の間に2,800隻、1,400
万トンの商船をUボートが沈めた。

クレッチマー

　第二次大戦中のUボートのエース１位はオットー・クレッチマーで、18
ヵ月で25万トンの船を沈めた。２位のウォルフガング・リュートは23万ト
ン（50隻近く）の成果を挙げ、16回出撃し203日間、海上にあった。
　このリュートを詳しく取り上げたい。

（１）海軍士官となる

　ウォルフガング・リュートは1913年10月10日、バルト海に臨むロシア領
の海港リガ（現在ラトビアの首都）で、４人きょうだいの末っ子として生ま
れた。当時、リガには多数のドイツ人がいた。祖父はドイツのリューベッ
クから19世紀中頃に移住し、小さな織物会社を立ち上げ、父が後を継いで
いた。1929年に法律学校に入ったが退校し、1933年4月1日ドイツ海軍に入
隊した。海軍士官になるための初期コース（３ヵ月）を陸上学校で受け、

その後、帆船練習船で３ヵ月海上訓練を受けた。
帆船訓練を終えると練習艦の軽巡洋艦カールスル
ーエに乗り組み８ヵ月に亘って、ジブラルタル、
地中海、アデン、カルカッタ、ブリスベーン（豪
州）、ホノルル、ボストンと巡航。
　1934年6月6日、帰国。ユトランド半島東側付け
根のフレンスブルグ港近くの水路を臨む高台に建
てられた赤煉瓦の兵学校に入校。生徒達が「赤い
城」と呼んだこの建物は、大海軍を夢見るウイル
ヘルム２世によって1910年に建設され、その中央
部にはドイツ海軍史の博物館や海戦の様子を描い

リュート

た絵画で埋まる美術館が設けられていた。

　この兵学校で10ヵ月間、戦略・戦術、シーマンシップ、航海術、機関学、砲術、海軍史、乗馬、剣術、射撃、海軍士官に求められる儀礼・作法を学ぶ。

　1935年4月、ここを卒業してからは、水雷、対潜、沿岸砲の専門学校で専門教育を受ける。1935年12月、巡洋艦ケーニッヒスベルグに10ヵ月間乗り組んで、1936年10月少尉任官。1933年に海軍に入隊したのは160人と推定されるが、卒業出来たのは115人で、リュートの卒業席次は32位だった。1937年2月、巡洋艦ケーニッヒスベルグを退艦し、Uボート艦隊に配属となった。

　1937年4月から翌年1月までの9ヵ月間は潜水艦学校で、更に1938年5月までの4ヵ月間は水雷学校で専門教育を受けた。

　1938年6月1日中尉進級。U27号（VII型、500トン）の次席ウオッチ・オフィサー（航海長と水雷長を兼ねる）として2回航海。1938年10月24日、U38号（IXA型、50人乗り組み）に転任。細部にうるさい艦長と不仲となった。U38号は1939年8月19日からポルトガル沖にいた。

（2）第二次大戦勃発とUボート艦長

　1939年9月1日、ドイツ軍がポーランドに侵入。9月3日、U38号は英独開戦の報を受ける。この時点でUボートの数は60隻に過ぎなかった。9月11日と22日に商船を発見して魚雷攻撃で沈めた。

　リュートは第二次大戦勃発直後の1939年9月25日にイルセ・レルビ（24歳）と結婚。イルセの父はバルト海の連絡船の船長だった。翌年8月、娘のゲーサが生れた。

　10月14日には、スコットランド北部のオークニー諸島にある英海軍根拠地スカッパフローに忍び込んだU47号（艦長：ギュンター・プリエン大尉）が英戦艦ロイヤル・オークを撃沈。1,200人の乗組員のうち833人が艦と運命を共にした。

　リュートは、1939年12月U9号艦長となる。かつての第一次大戦中のU9号は1910年に建造され、艦長は英戦艦3隻を一挙に撃沈した有名なオットー・ウエッジンゲンだった。リュートが開戦3ヵ月後に艦長になった第二次大戦中のU9号は1935年建造のIIA型である。

U9号は、1940年1月16日夜間にスウェーデン船を2隻（いずれも1200トン級）発見して撃沈し、1月22日ウイルヘルムスハーフェン軍港に帰港。その後のドイツ軍のノルウエー進攻作戦に参加した。ドイツ軍のフランス進攻作戦の開始と共に5月6日ブルンスビュッテル港を出港。夜は浮上航行し、昼は北海の海底で休む。5月8日の夜、フランス軍艦ドリスを発見。23時50分に追跡を始め、700mまで近づき魚雷発射、大爆発を起こして瞬時に轟沈した。

　5月11日夜半、エストニアの貨物船を沈め、翌日には英商船を撃沈。しかし駆逐艦による爆雷攻撃を受け、9時間海底に潜んでいた。5月15日ウイルヘルムスハーフェンに帰港。翌日再び出撃。

　5月23日ラトビア船を攻撃。魚雷が命中すると船体が二つに折れて瞬時に沈み、船首が何mも空中に上った。5月24日夜半には巡洋艦と駆逐艦を発見したが魚雷発射管が開かず失敗。発見されて4隻の駆逐艦から爆雷攻撃を受けなから海底で必死に耐えた。音で位置を割り出されないよう、艦内では靴を脱いで靴下で歩いた。何とか5月28日ウイルヘルムスハーフェンに帰港。

　1940年6月22日、キール軍港の造船所でU138号が竣工。リュートはこの新造潜水艦の艦長に補された。試運転のための第27潜水艦艦隊所属となり、7月12日から1週間、魚雷発射試験、急速潜航試験、戦術運用試験を行い、訓練艦隊である第24、25潜水艦艦隊に所属して、バルト海で30日間に亘って新乗組員の訓練を行った。

　Uボート艦隊は、1940年7月には42隻、8月には68隻、9月には66隻と、1日平均2隻の敵艦船を沈め、開戦後1年間で150万トンを沈めた。

　基本訓練を終えたU138号は、9月10日キールを出港して、キール運河を横切り北海に抜け大西洋に出た。9月20日、3隻の護衛艦に守られた護送船団が7〜8ノットで航行しているのを発見。夜間の21時20分、400〜500mに近づき魚雷を2本発射し、2隻の輸送船を沈めた。その6分後にも魚雷1発を発射し1隻を撃沈、日付が変った02時00分更に1隻を沈めた。護衛艦は護送船団の円陣の外から攻撃されたと思ったが、U138号は内側に入っていたのだ。

　4隻を沈めたU138号は、ビスケー湾に臨むドイツ軍占領下のフランスの海港ロレインに入港。乗組員はワインとシャンパンを痛飲し、サッカー

プリエン

と乗馬を楽しんだ。

　1940年のUボートのエースは、英海軍根拠地スカッパ
フローで戦艦ロイヤルオークを撃沈したU47号艦長のギ
ュンター・プリエンで、代表的なUボート艦長として、
ドイツ宣伝省は汚れた白セーターで髭面のプリエンをニ
ュース映画にしばしば登場させた。プリエンは北ドイツ
出身で声が大きく部下にも厳しい軍人だった。このUボ
ートの英雄は後に英駆逐艦からの攻撃を受け戦死する。

　リュート27歳の誕生日である1940年10月8日深夜2時30
分、大護送船団を発見し浮上攻撃を行った。5時10分、距離380mから魚雷
深度3mで発射。
12,000トンタンカーに命中して撃沈。更に5分後、距離200mから14,000ト
ン級タンカーに魚雷発射。命中したが沈まず、このタンカーは近くの港に
避難した。

　10月19日ビスケー湾に臨むドイツ占領下フランスのロレインに帰港。潜
水艦艦長は、10万トン沈めると鉄十字勲章、20万トン沈めると樫葉付鉄十
字勲章を受章する。リュートが報告した撃沈量はこの時点で8万トンを超
えていた。しかし、4月に敵駆逐艦、5月に敵潜水艦を撃沈させていたので、
10月24日に鉄十字勲章を受章した。

　1940年10月21日、U43号（IXA型；1,153トン、長さ77m、航続距離8,000マイ
ル、砲3門、魚雷22本搭載、乗組員48人）の艦長となる。11月10日にロリア
ンを出港。12月1日、U101号のメンガーソン艦長から「護送船団発見」の
無電が入った。夜中、フルスピードで水上航行し、翌日6時20分に発見。9
時01分魚雷2本発射し1隻を沈めた。更に2本、合計4本発射したが、こ
の戦果は不明であった。その後ロレインに帰港し、クリスマスはドイツ・
ノイシュタットの自宅（官舎）で過ごした。

　1941年2月4日。全くつまらない事故でU43号がロリアン港内で沈んだ。
前日の午後、乗組員の一人がバルブを弄んでいたため、海水がじわじわと
艦内に溜まって沈んだのだ。浮上させ洗浄チェック、電池（バッテリー）
はそのまま使えたがモーター類は交換なければならなかった。この作業に
3ヵ月を要した。

　開戦劈頭、英戦艦ロイヤル・オークを撃沈させたギュンター・プリエン

潜望鏡で獲物を狙う艦長

のU47号は、1941年3月7日、再び英海軍根拠地スカッパフローに忍びこんだものの、爆雷攻撃を受けて沈没、プリエンは戦死した。3月17日、ヨアヒム・シュプケ艦長のU100号は英艦バノックと衝突しこれも沈没。

　同じ日、第二次大戦中、最大の30万トンの輸送船を沈めたUボートのエース的存在だったオットー・クレッチマーのU99号は英駆逐艦ウォーカーの奇襲を受け、艦長クレッチマーは捕虜となって4年間、英国とカナダで捕虜生活を送った。

　1941年5月、U110号はアイスランドの南沖で急襲を受け、艦長フリッツ・ユリウス・レンプは射殺され、エニグマ暗号機、それに暗号書とコード・キーが奪われた。

　英駆逐艦は、爆雷攻撃を受けてもはやこれまでと浮上したUボートやドイツの気象観測船を襲い、また孤島の小規模なドイツ軍基地を英コマンド部隊が急襲するなどして、エニグマ機や暗号書を強奪する作戦を実施していた。デーニッツUボート艦隊司令官は、エニグマ機による暗号通信が英海軍に解読されているのではないかとの疑問を持ったが、暗号専門家は繰り返し「心配なし」と報告したので、ドイツは敗戦までこの暗号機を使用した。

　5月11日、リュートのU43号はロリアンを出港。5月13日にはフランス船の3本マストスクーナーを30分かけて砲撃して沈めた。魚雷は高価なうえ搭載本数も少ないので、英駆逐艦から襲われる心配のない時は、浮上して砲術訓練を兼ねて105mm砲で攻撃したのだ。7月1日ロリアンに帰港した際、U138号がジブラルタル沖で英艦によって沈められたことを知った。

　1941年6月22日、ドイツ軍のソ連進攻（バルバロッサ作戦）が始まる。バルト海沿岸に住んでいた多くのドイツ人がそうであったように、リュートもロシア人を軽蔑していた。祖父はロシア人に痛めつけられたし、第一次大戦中、父は何年もシベリアに抑留されたからだ。

　8月2日から9月23日まで6週間にわたる長期出撃の任務に就いた。暑さで食物は腐り、エンジンが火を吹いたりバッテリーの故障も続いた。燃料

の節約にも苦労したが、この期間の天候が悪く1隻も撃沈することができなかった。実は、U43号と司令部間の無線通信暗号は全部敵側に解読されていたのだ。

艦橋に掲げられたドイツ軍艦旗

　米国との関係に神経質になっていたヒトラーは、米艦とのごたごたを起さないよう指示していた。8月14日護衛船団を発見するが、米巡洋艦サンフランシスコ、米戦艦ミシシッピーが護衛していたため攻撃をやめた。9月11日にも駆逐艦3隻、巡洋艦1隻の護衛艦を魚雷攻撃しようとしたが、巡洋艦が米巡洋艦ペンサコーラと分って攻撃を止めた。この時、護衛船団を目標に魚雷を6発発射したが当らなかった。

　9月4日には、米駆逐艦グーリアが英機と共同作戦でU652号を爆雷攻撃。U652号は英艦による爆雷攻撃と思い魚雷攻撃を行った。10月15日、U568号が米駆逐艦カーニーを攻撃して損害を与えた。10月31日にはU552号が米駆逐艦リューベン・ジェームズを攻撃して沈め、乗組員115名が死んだ。

　出撃中、攻撃される恐れのない時の乗組員の愉しみの一つはレコードを聴くことだった。主に、「英国に向け航海」、「今日、公海に向かう」、「小さなボートは再び故国に連れて行く」といった、Uボートを謳った軍歌である。

　1941年9月は開戦2周年になる。この間、230隻のUボートが建造され、48隻が沈められた。

　U570号のハンス・ラームロー艦長は将来を期待された人だったが、艦長になるのが早すぎた。兵をコントロールし、士官をうまく扱うことが出来ず、8月27日、アイスランド沖で英機の攻撃を受けて降伏。不名誉な降伏の記憶に苛まれながらその後の生涯を送った。

　1941年11月10日、リュートのU43号はロリアンを出港。カナダのニューファウンドランドやハリファックス方面から英国に向かう船団攻撃のため約1ヵ月間獲物を追い続けた。この時、ヒトラーから「全Uボートはジブラルタルから地中海に入れ」との命令が届いたため、この「ハリファック

ス作戦」は中止となったが、アゾレス諸島方面に向かう護送船団と船団の600m先に駆逐艦を発見すると急潜航した。2時15分再び浮上したが、何も発見出来なかった。約2時間後に英輸送船を発見して魚雷2本発射した。この船は火薬運搬船だったらしく、大爆発を起して瞬時に海没した。その後、12月2日には、米船（この時は米船と分からなかった）も沈めた。日本軍の真珠湾奇襲より5日前、ドイツの対米宣戦より9日前のことである。

リュートのU43号が12月11日のドイツの対米宣戦を知ったのは、ポルトガルのセントビンセント岬沖であった。日本が対米英宣戦布告したのは12月8日である。

12月16日ロリアンに帰港。バッテリーが老朽化し、キール軍港のドックでのオーバーホールが必要となった。12月末ロリアンを出港。翌年1月11日にアイスランド沖で護送船団に遭遇。時化の中だったが、8時02分に魚雷2本発射。スウェーデン船に命中し船体が二つに折れて沈んだ。U43号はスコットランドの北を回って北海に入り、キール運河経由でキール軍港に入港。キールに帰港後はリュートはU43号から離れた。

リュートはブレーメンのデシマグ造船所に行き、竣工直後のU181号艦長となった。28歳の大尉艦長である。

対米戦が始まると、Uボート艦隊は5ヵ月で500隻弱を沈めたが、その間リュートの海上出撃の機会はなかった。今まで、U9号→U138号→U43号と艦を代ってきたが、今度のU181号はIXDII型の大型艦（1800トン、魚雷26本搭載、水上19ノット、水中10ノット、乗組員50人）で、地球一周出来るほどの航続距離の潜水艦である。

1942年の夏に行われたU181号艦長就任式には、乗組員の妻子を呼び寄せた。リュートは妻達を集めて、海軍軍人の義務、愛情、支え、子供への理解に関するレクチャーを行った。

9月12日にキール軍港を出港した。リュートにとって15回目の出陣である。10月2日にはアゾレス諸島の東沖、10月5日にはカナリー諸島の西沖で獲物を待ちかまえた。

Uボートは外界を見ることが出来ない狭い艦内で、連合国護衛艦の爆雷攻撃を受けつつ、長い時には2ヵ月間も過ごす。乗組員の無聊を何とかするのも艦長の重要な仕事だった。10月18日には赤道祭をやった。艦内新聞を発行し雑誌類を回覧し、歌やチェスの大会や討論会を行う。また毎晩の

ように、有名な教会コーラス団のレコードを聴いたり、艦長によるドイツの歴史や政治についての講義も行った。

　出撃してから7週間経過した1942年11月1日、ケープタウンの西沖で米船を発見。90分追跡して5時48分に魚雷2本を発射したが失敗。6時44分に浮上して9時間追跡、15時25分に潜航し1時間後に発射した魚雷2本が命中して米船は4分後に海没した。Uボート艦隊はケープタウン沿岸近くで23隻沈めていた。

　11月8日、カルカッタからニューヨークに向かっているパナマ船を発見。8時15分に魚雷を1本発射したが失敗。10時間にわたって追跡し、20時55分に浮上して105ミリ砲で砲撃。8発が命中してパナマ船は船尾から沈んだ。11月10日にはノルウエー船を砲撃で沈め、12日、13日の両日はポルトガル船と米船を沈めた。

　11月15日の朝、英艦インコンスタントと遭遇した。そこに英艦ジャスミン・ニゲラも加わり、両艦から執拗な爆雷攻撃を受けた。Uボートの耐圧深度は200mなのだが、初めは120mで、最後は160mまで降下して耐えた。

　この爆雷攻撃を受ける前日、リュートは樫葉付鉄十字勲章を受章していることを知った。全軍で142人目、Uボート艦隊では16人目であった。この勲章は20万トン以上沈めると貰えるものだが、リュートの実績は実際は17万トンだったが、20万1000トン沈めたと報告されていたので受章となったのだ。

　11月16日には、モザンビーク海峡に臨むアフリカ大陸の工業用原料積出港として連合国にとって重要な海港マプート沖で、ノルウエー船とギリシャ船の2隻を沈めた。

　11月22日には米船を沈め、更にギリシャ船を4時間追跡して翌23日の夜明けに魚雷1発を命中させた。しかし沈まないので、105ミリ砲、37ミリ砲、20ミリ砲の3門で攻撃し65分後に沈めている。同じ23日には、英船にも魚雷1発を発射したが当らず、800mまで近づき105ミリ砲を90発も撃ち、そのうち60発を命中させて沈めた。

　11月28日20時30分、ギリシャ船に魚雷1発命中させたが沈まず、105ミリ砲を107発撃って沈めた。11月30日にはギリシャ船を発見し、4時間追跡して、5時11分、距離500mと600mから魚雷をそれぞれ1本発射。失敗したので、5時31分に距離3,000mから105ミリ砲の砲撃を30分間続けた。砲

撃はまず船橋、続いて無線室を狙い、70発命中させ、400mまで近づき20ミリ砲を連射して6時55分に沈めた。

　この時期、海上にあったUボートは180隻で、11月だけで120隻（75万トン）沈めている。

　12月2日にはパナマ船1隻の戦果があった。クリスマスには、セントヘレナ島沖で鉄線で樹木らしき物を作り、トイレットペーパーを青く染めて樹葉に見立てて祝った。

　U181号はキール軍港からケープタウン海域での作戦に49日間海上にあり、ここから第12潜水艦艦隊司令部のあるフランスのボルドーまで商船を追っての35日間、3ヵ月間弱の海上作戦に従事し、海上にあったのは作戦行動日も含めて4ヵ月強の129日間、2万1369マイルの航海だった。この間、12隻、5万7500トンの成果を挙げた。

　1943年1月18日の夕刻にボルドー入港。3月24日、ボルドーからジロンド川を下ってビスケー湾に入った。チェス、カード、歌の大会を開いて乗組員の娯楽とした。リュートは「ドイツ人はジャズを好むのは良くない」として、クラシックや行進曲を好んだ。

　1943年4月10日、アフリカ大陸西端近くのフリータウンの南西400マイルで英船を発見。3時30分魚雷2本発射するが失敗。更に1本発射するがこれもも命中せず。5時50分、距離450mから2本発射、命中するも沈まず。37ミリ砲を撃とうとしたが、銃身の中に弾丸が詰まって暴発し乗組員一人が死んだ。結局105ミリ砲を20発命中させて沈ませた。

　4月16日、ドイツでは2番目の勲章である剣付樫葉鉄十字勲章を受賞した。Uボート艦隊では4人目で、同時に少佐に昇進した。祝電が嵐のように舞い込んだ。5月19日には3人目で初めての息子、ウォルフディーテルが生まれた。

　5月27日、中立国スウェーデン船に6,000mの距離から105ミリ砲で攻撃、9発撃ってやっと停船させた。船長と一等航海士がボートでU181号の甲板にやって来た。積荷の書類が完全でなく、リオ、ニューヨーク、フィラデルフィアにも立寄っていたのでこの船を沈めることに決め、10時00分、400mの距離から魚雷1発を発射して沈めた。6月4日には英船を距離400mから魚雷で撃沈している。

　1943年5月には、40隻のUボートが沈められていたが、インド洋ではこ

のほか4隻のUボートが活躍中だった。大多数のⅦ型Uボートの海上勤務はせいぜい2ヵ月であったが、大型のⅨDⅡ型のインド洋勤務は6ヵ月が要求されるようになった。5月17日に「ⅨDⅡ型Uボートは26週間分の燃料200立方mの給油をインド洋で行え」との無電連絡が入った。給油艦は、英国タンカーで日本海軍に捕獲されドイツ海軍用として使用されていたシャーロッテ・シュリーマン号だ。

　6月22日、指定場所に到着した。シャーロッテ・シュリーマン号はU178号とU196号に給油中で、U181号も燃料280立方mの給油を受けた。さらにU197号とU198号も給油艦に近づいていた。

　U181号は、7月2日に英船を魚雷2本で撃沈した後、7月6日にも英船を見つけ魚雷2本を発射するもこれは外れた。7月15日、16日と英船を沈めその後3日間でも英船2隻を沈めた。8月11日にも英船を発見し、900mの距離から魚雷を発射し、1分5秒後に更に1本発射して仕留めた。

（3）最高勲章受章

　1943年8月9日、リュートはドイツ軍の最高勲章である剣付樫葉ダイヤモンド鉄十字勲章の受章が決まった。全軍で7人目、海軍では彼唯一人であった。

　8月16日、商船を発見し6時間追跡して魚雷1発を発射したが失敗した。8月19日9時00分、「U197号と会合し暗号のコード・キーを受け取るように」との無線指示があった。燃料は残り200立方mとなり、食糧も残り少なくなっていた。

　U181号とU197号との会合の通信は南アフリカの複数の英空軍に傍受されていた。会合地点を割り出した英空軍はカタリーナ爆撃機を発進させ、約束地点で浮上していたU197号に爆雷攻撃を行い、U197号を撃沈した。リュートのU181号は2日間、U197号を捜したが見つからず、8月24日、諦めてケープタウン方向に向かった。9月2日喜望峰を廻る。

　10月1日には暗号が変更され、従来の暗号は使えなくなった。

　10月14日ボルドーに帰港。リュート30歳誕生日の1日前だった。U181号は沈めた敵艦船の数を表す48枚の白いペナントを艦長が翻しながら入港した。10月25日、ヒトラー自らの手で剣付樫葉ダイヤモンド鉄十字勲章を授けられた。

リュートはデーニッツ潜水艦艦隊司令官の秘蔵っ子となった。ドイツ海軍の士気を保つため、海上で戦死させるわけにはいかなくなり、ボルドーの第12潜水艦艦隊の参謀に任命された。

　U181号の後任艦長はクルト・フライワルトで、1944年3月にボルドーからシンガポール近くの日本海軍基地ペナン島に赴き、10月にゴムその他の貴重な物資を積んでボルドーに向かったが、燃料漏れのためケープタウン沖からシンガポールに引き返し、ドイツ敗戦までここで過ごした。

（４）異例の30歳での大佐昇進、兵学校校長から敗戦と事故死

　1944年1月、リュートは訓練艦隊である第22潜水艦艦隊司令になる。7月15日には海軍兵学校の部門長となり、8月1日中佐進級、その1ヵ月後には大佐に進級している。30歳の大佐は海軍一の若さだった。身長178センチ中背、痩せ型、灰青色の眼のリュートは30歳になったばかりなのに、頭はすっかり禿げあがり、前歯の間には隙間があった。9月17日に兵学校長に就任した。

　第二次大戦勃発から5年経過し、兵学校の課程で乗馬と剣術は廃止されていた。士官養成を急ぐため、マイエルヴィック、フースム、シュレスビヒ、ハイリーゲンハーフェンの4か所に兵学校分校が作られ、そこの校長も兼ねた。

　1944年6月6日には、英米軍がノルマンディー半島に上陸。ドイツ軍は東部でソ連軍、西部で英米軍と戦う二正面作戦を強いられるようになった。これについて日本の陸軍参謀本部も「ドイツの勝利は考えられなくなった」と『機密作戦日誌』に書いている。

　1945年1月、東部戦線でソ連軍の攻撃進攻が始まり、リュートの父母妹は、母は車、妹はバス、父はトラックで1月20日からドイツへ逃げ始めた。ベルリンも危いので、ノイシュタットの海軍官舎に入った。

　3月には33隻のUボートが失われ、翌月にも53隻のUボートが喪失。戦線が海軍兵学校のあるフレンスブルグ近くまで迫り、学校の建物は負傷兵の野戦病院となった。4月23日ソ連軍がベルリンに突入し、ヒトラーは後継者にデーニッツを指名して4月30日に自殺した。

　5月2日、デーニッツは政府を海軍兵学校所在のフレンスブルグに移し、兵学校体育館を政府事務所とし、リュート夫妻と4人の子供、リュートの

弟ヨアヒムの住む校長官舎をデーニッツも使用した。

　5月7日、デーニッツはドイツ政府を代表して連合軍に無条件降伏した。そして、この兵学校体育館から「我がUボート乗組員よ。諸氏は獅子のように戦った。最寄りの連合国の港へ降伏せよ」と最後の命令を出した。

　戦いの続行を主張する艦長も少なくなく、乗組員と共にUボートから逃亡する者もいた。2隻のUボートはアルゼンチンへ逃げたが、そのうちの1隻U977号にはヒトラーが乗っているとの噂も流れた。

　フレンスブルグは英軍管轄下に置かれた。刑務所や強制キャンプに入れられていた者が解放され、治安が悪化し世情は騒然となった。ベルリンに入ったソ連兵の手当たり次第の婦女子凌辱は酷いものだった。

　5月13日の兵学校構内の夜警は18歳の少年兵であった。深夜12時30分、暗闇の道から足音が聞こえた。少年兵は「止まれ！　誰だ！」と誰何したが応答はなかった。風で木の葉が揺れ、聞こえなかったのかも知れない。再び誰何したが応答はなく、足音は止まった。三度目の誰何でも応答がないため、少年兵はライフルを発射した。人の倒れる音がした。銃声を聞いた夜警班長の軍曹が飛んできた。

「何をやったんだ！」

　地上に倒れている者を見ると、艦橋用のレザー・コートを着て白いマフラーを首に巻いている海軍士官だった。軍曹は、倒れている人物を見て、「校長のリュート大佐だ」と呻いた。

　第二次大戦の後半のドイツ海軍総司令官デーニッツ元帥は、『デーニッツ回想録　10年と20日間』で、次のように書いている。

　「ドイツ降伏によって戦争が終った数日後の1945年5月14日、フレンスブルグ郊外ミュールヴィク（海軍兵学校の所在地）で一人の海軍大佐が悲しい事故のため、死亡した。最も優秀な潜水艦長の一人であり、第二次大戦中ダイヤモンド剣付樫葉鉄十字勲章を授与されたわずか二人の海軍士官の一人であるウォルフガング・リュートである。フレンスブルグの海軍兵学校に集まった我々海軍士官は彼の棺に別れを告げた。その光景は、また一つの象徴であった。終戦時の不安な暗い将来を前にしての葬儀では、我々はリュートに対してのみならず、愛する海軍に対しても最後の別れを告げたのである」

おわりに

　まず、ここまで書いてきたドイツ海軍興亡史の主役ともいえるレーダーとデーニッツの戦後について記す。

　エーリッヒ・レーダーは心臓病のため入院し、退院後自宅療養中の1945年5月16日にソ連軍により逮捕され、モスクワへ連行された。翌年5月15日から21日にかけて、ニュルンベルグ国際軍事裁判で被告として法廷に立った。判決は終身刑だった。元陸軍参謀総長ヨードル将軍や国防軍最高司令部（OKW）参謀長だったカイテル将軍は軍人として不名誉な絞首刑で処刑された。

　「家族にとって自分は重荷となろう。この年で監獄に入っても希望はない」と、レーダーは軍人らしく銃殺刑を望んで願望書を提出したが却下された。

　レーダー、デーニッツ、シュペアはベルリン近郊のスパンダウ監獄に入れられた。デーニッツはシュペアに、「レーダーの余計な水上艦方針のため、Uボート建造が不充分だった」と不満を漏らした。

　レーダーは1955年9月に釈放され、自叙伝『わが生涯（*Mein Leben*）』を執筆、出版した。1960年11月老衰で死去。享年84。

　カール・デーニッツは、1945年5月23日に英軍に逮捕され、ニュルンベルグ国際軍事裁判で10年の有罪判決を受けた。刑期を終えた後は、夫人と共にハンブルグ郊外に住み、1980年に死去。享年89。自叙伝の『ドイツ海軍魂—デーニッツ元帥自伝（*Mein wechselvolles Leben*）』は1977年までにドイツで6版を重ね、米英仏伊日スペインの6か国で翻訳出版された。また、回想録『10年と20日間（*10 Jahre und 20 Tage*）』も書き残した。

　本書の執筆を終えて筆者は、前述したことと重複するが、次のような感想を持った。

　①ドイツ海軍の戦略・戦術は両次大戦とも、大きな変化はなかった。すなわち、英海軍に比べ、独海軍の劣勢は両次大戦に共通しており、両次大

戦とも、主力艦の決戦を避け、潜水艦戦略に切り替えようとしたが、「時既に遅し」となった。

　②両次大戦とも、英米と比べ、ドイツの国力の弱小は覆い難かった。

　③ドイツは基本的に大陸国・陸軍国であった。

　④海に関しても、陸に関しても、ドイツの地理的不利。

　例えば、海上に関して、北海のどん詰まりで、袋の鼠のような所にドイツが位置している。容易に海上封鎖を受け、逆に大西洋には出にくい。陸上に関して、第一次大戦では、東部戦線ではロシア軍に大勝したが、西部戦線の膠着化が敗因となった。第二次大戦では、西部戦線では勝ったが、東部戦線でソ連に敗れた。常に、西部と東部の正面に自国と同等ないしは、それ以上の国力を持つ国と、敵対する恐れがあったのが、ドイツの陸上の地理的不利であった。

　⑤第二次大戦では、英海軍は二流化し、ドイツ海軍は三流化（潜水艦のみは一流）していたこと、の感はまぬがれぬこと。

　日本海軍は世界の海軍列強に先駆けて航空艦隊を組織化し（小沢治三郎提督の献策による）、従来戦艦群の補助兵力と考えられていた航空戦力を主戦力化していた。

　米国海軍も真珠湾奇襲後は同様に空母の主戦力化を図った。日米海軍の主要戦術が空母戦になっていたのに対して、英海軍は二流の空母を若干数しか所有せず、ドイツ海軍にいたっては１隻の空母も持っていない有様だった。

　本書は、著者が海上自衛隊兵術同好会の『波涛』誌に連載した下記の論考や、雑誌に寄稿したものを骨格として、ドイツ海軍関連事項を大幅に追加し、ドイツ海軍史の流れとしてまとめたものである。

・「主要提督から見た米海軍史（21）─チャールズ・Ａ・ロックウード」（『波涛』1995年9月号）

　　＊潜水艦の原型試作品考案者ジョン・Ｐ・ホーランドや初期潜水艦関連

・「主要提督から見た米海軍史（38）─ドイツ海軍の主要提督ティルピッツとレーダー」（『波涛』1998年7月号）

・「主要提督から見た米海軍史（39）─ドイツ海軍の主要提督カール・デーニッツ」（『波涛』1998年9月号）

- 「エーリッヒ・レーダー伝」(『波涛』2010年1月号〜11月号、6回連載)
- 「第2次大戦中の英海軍提督達」(『波涛』1996年5月号)
- 「ティルピッツとドイツ帝国海軍」(『波涛』2014年7月号〜2016年4月号、8回連載)
- 「二人の海軍総司令官レーダーとデーニッツ／Uボートのエースたち—それぞれの人間像」(『第2次大戦欧州戦史シリーズ⑥大西洋戦争』学習研究社、1998年)
- 「Uボート艦長の育て方」(『第2次大戦欧州戦史シリーズ⑥大西洋戦争』学習研究社、1998年)
- 「日独米潜水艦隊、その違いと実績」(『歴史群像太平洋戦史シリーズ⑰伊号潜水艦』学習研究社、1998年)

参考文献

■アルフレッド・ティルピッツ関連

Tirpitz and the Imperial German Navy, by Patrick J.Kelly, Indiana University Press, 2011.
　＊ティルピッツの海軍士官としての伝記。
Building the Kaiser's Navy: The Imperial Naval Office and German Industry in the von Tirpitz Era 1890-1919, by Gray E. Weir, US Naval Inst. Press, 1992.
　＊ティルピッツによる第一次大戦前のドイツ海軍拡大状況を記述したもの。
Dreadnought: Britain, Germany and the coming of the Great War, by Robert K. Massie, Random House, 1991.
　＊第一次大戦前の英独の建艦競争が記述されている。

■エーリッヒ・レーダー関連

Erich Raeder: Admiral of the Third Reich, by Keith Bird, Naval Inst. Press, 2006.
　＊実戦で華々しい功績をあげた人でなく、地味な事務官僚型だったレーダーにはこれまで詳細な伝記がなかった。ドイツ語による伝記類もないようだ。第二次大戦60年後に初めて英語の伝記が米海軍協会から出版された。著者バードは米人には珍しく、ドイツ語が縦横に読める人のようだ。ちなみに、日本語文献の読破ができる米人海軍史家はまずいない、というのが筆者の実感である。彼らが書いた日米海戦史のほとんどは、日本側資料に関しては英訳化された資料しか使用していない。レーダーは個人的なことは一切、口を噤んで語らなかった。また日米独でレーダーを研究している人は少ない。バードの伝記にも、先祖や育った風土、家庭環境、趣味、といった個人生活に関するものはほとんどなく、人物を浮きださせる、背景資料に乏しい。本書はこのバードの伝記を多く参考にした。レーダー提督を知るに必読の書。
Men of War: Great Naval Leaders of World War II, edited by Stephen Howarth, St Martin's Press, 1992.の第2節 Grand Admiral Erich Raeder German Navy 1876-1960, by Keith W. Bird.

■カール・デーニッツ関連

Men of War: Great Naval Leaders of World War II, edited by Stephen Howarth, St. Martin's Press, 1992 の第7節 Grand Admiral Karl Dönitz by Peter Padfield.
The War Lords: Military Commanders of the Twenties Century, edited by

Field Marshal Sir Michael Carver. Little, Brown and Company,1976.の
Doenitz の項。

『ドイツ海軍魂—デーニッツ元帥自伝』カール・デーニッツ著、山中静三訳、原
書房、1981年

『デーニッツ回想録—10年と20日間』カール・デーニッツ著、山中静三訳、光和
堂、1986年。

＊第二次大戦中のUボート戦争を知るのに必読の書。

■ウォルフガング・リュート関連

U-Boat Ace: The Story of Wolfgang Lüth, by Jordan Vause, Naval Inst. Press,
1990.

＊Uボートのエース・ウォルフガング・リュートの生涯を描いたもの。

■ドイツ海軍の最高司令部の部内状況について

Inside Hitler's Headquarters 1939-45, by Gen. Walter Warlimont, translated
from German by R.H. Barry, Presidio Press, 1962.

＊1939年から1944年まで、ドイツ軍大本営 OKW（Oberkommando der
Wehrmacht）の作戦部次長だったのが著者。ドイツ軍大本営での戦局指導の
様子が分る。

Fuehrer Conference on Naval Affairs 1939-1945, with a Forword by Jak P.
Mallmann Showell, Naval Inst. Press, 1990.

＊1939年9月第二次大戦勃発以降、ヒトラーは定期的に海軍事項に関して指示す
る会合を持った。ヒトラー、エーリッヒ・レーダー、その後継者カール・デ
ーニッツがこの会合でどのような決定をしたかが詳しく記されている。会合
の日時、場所、指示内容等が分る。

Hitler's U-Boat War: The Hunters 1939-1942, Clay Blair, Random House,
1996.

＊バトル・オブ・アトランチック勝利の原因ともなった、米英軍がドイツ軍の
暗号を解読しているというトップ・シークレットを隠すため、米英政府は長
くこの事実を秘密にしていた。1980年代になって、米英政府は徐々に解禁し、
これらの資料から得た新発見、新結論を基に著者ブレアーが書いた809頁の大
著。

Hitler's Admirals, by G.H. Bennett and R. Bennett, Naval Inst. Press, 2004.

＊第二次大戦直後の1945年から1946年にかけて、英海軍情報部は、収監された
ドイツの提督達より、ドイツ海軍の戦争準備、初期の勝利、その後の敗北に
ついて、ヒトラーやナチス幹部が海上戦争に与えたリーダーシップ、海上戦
争の技術的変遷に彼等がどのような思いを持っていたか、を記述させた。こ

れらは、英国国立文書館に保存されていたのだが、本書の著者（父子）がその価値を知って、まとめて出版したのが本書である。敗戦直後の提督達たちの生々しい記述である。

Men of War: Great Naval Leaders of World War II, edited by Stephen Howarth, St Martin's Press, 1992.

＊第二次大戦中の日米英独の海軍指導者達の略伝。ドイツ海軍のレーダー、デーニッツ両元帥の略伝がある。山本五十六元帥、南雲忠一中将の略伝もあり。

■Uボート艦長関連

U-Boat Commander: A Periscope View of the Battle of Atlantic U333, The Story of a U-Boat Ace, by Peter Cremer, translated from the German by Lawrence Willson ,Naval Inst. Press 1982.

＊バトル・オブ・アトランチックには、820隻のUボートが参陣、781隻が沈んだ。4万人が参加し3万人以上が死んだ（統計の取り方によって、数字に差異あり）。生き残った艦長の一人が、実戦で幾度も生死の間をさまよったU333号艦長のクレーマーである。

The Odyssey of a U-Boat Commander: Recollections of Erich Topp, by Rrich Topp, translated by Eric C. Rust, Praeger Publishers, 1992.

＊著者のエーリッヒ・トップは1934年にドイツ海軍に入隊。Uボート艦長として17回の作戦出動で34隻の商船を沈めた。戦後は、建築学を学んでハノーバー工科大学で教鞭をとった後、建築家として独立。1958年に西ドイツ海軍に入り、3年間、ＮＡＴＯのワシントン軍事委員会の西ドイツ海軍代表。1969年、西ドイツ海軍副総司令官（少将）で退役。

Wolf: U-Boat Commanders in World War II, by Jordan Vause, Naval Inst. Press,1997.

＊Uボート艦長たちの活躍その他を紹介している。

Iron Coffins: A Personal Account of the German U-Boat Battle of World War II, by Herbert A. Werner, former U-Boat Commander. Holt, Rinehart and Winston, 1969.

＊Uボート作戦艦842隻中779隻が沈められ、39,000人の潜水艦乗組員中28,000人が死んだ（統計の取り方により若干の差異あり）。著者ウエルナーは1941年4月、ユトランド半島付け根近くのフレンスブルグにある海軍兵学校を卒業し4年間Uボート士官として戦った。戦後は、英米仏で捕虜生活を送った。

■Uボート戦

The U-Boat Wars 1916-1945, by John Terraine, G.P. Putnam's Sons, 1989.

＊第1次と第2次大戦のUボート戦の詳細を記述したもので、840頁の大著。

U-Boat under Swastika, by Jak P. Mallmann Showell, Naval Inst. Press, 1987.
　＊第二次大戦中のUボート入門書のようなもの。多数の写真図表がある。
　　Swastikaとは、ナチスドイツ海軍の軍艦旗。
U-Boats Destroyed: German Submarine losses in the World Wars, by Paul
Kemp, Arms and Armour Press, 1997.
　＊第一次大戦で沈んだUボートは178隻で、5,400人の乗組員が死んだ。第二次
　　大戦で沈んだか破壊されたUボートは784隻で、27,491人が死んだ（統計の取
　　り方により差異あり）。沈んだUボートの進水、竣工の時期、艦長の階級・氏
　　名、沈んだ日、場所、沈んだ原因、生存者数が記述されていて参考になる。
The U-Boat Offensive 1914-1945, by V.E. Tarrant, Naval Inst. Press, 1989.
　＊両次大戦でUボートは8209隻の商船（2,700万トン）を沈めた（統計の取り方
　　により差異あり）。Uボートの活躍ぶりを150枚の写真、地図、表を含め記述。
Hitler's Navy: A Reference Guide to the Kriegsmarine 1935-1945, by Jak P.
Mallmann Showell, Naval Inst. Press,　2009.
　＊艦船、Uボート、乗組員の多数の写真（海軍兵学校の写真もある）があり、
　　目で見る第二次大戦中のドイツ海軍の趣がある。また、主要海軍メンバーの
　　略歴もある。
The German Navy in the Nazi Era, by Charles S Thomas,　Naval Inst.Press,
1990. with a foreword by Jak P Mallmann Showell, US Naval Inst. Press,
1990.
　＊ナチスドイツ時代のドイツ海軍を知るに有益。
『Uボート作戦』W.ラフンク著、実松譲訳、図書出版社、1970年
■ドイツの暗号機エニグマ関係
Seizing the Enigma: The Race to Break the German U-Boat Codes, 1939-1943,
by David Kahn, Houghton Miffin Company, 1991.
　＊英海軍によるドイツの暗号機エニグマ対処を知るために不可欠の書。
■第二次大戦中の代表的Uボート関連
Type VII U-Boats, by Robert C. Stern, Naval Inst. Press, 1991.
　＊第二次大戦中の代表的UボートであるVII型に関してVII-A型からVII-F型
　　までを、艦や武装、乗組員の様子など160枚の写真を使用して紹介している。
　　VII型は中型潜水艦で、操艦性に優れ、洋航性も良く、第二次大戦中の代表
　　的Uボート。VII型の詳細を知るに最善書。
World War Two, Submarine, by Richard Humble, illustrated by Mark Bergin,
Peter Bedrick Books, 1991.
　＊潜水艦の内部構造、形、艦内の生活などが解りやすいイラスト画で描かれて

おり、潜水艦の一般的理解に有益。

■第二次大戦中の米潜水艦の活躍

Silent Victory (I)(II), by Clay Blair Jr. Lippincott Company, 1975.

United States Submarine Operations in World War II, by Theodore Roscoe, Naval Inst. Press, 1976.

＊Silent Victory (I)(II)と本書は太平洋戦争中の米潜水艦の活動を知るに有益。

Holland!s Hallands: An Irish Tale,by Richard Conpton-Hall, US Naval Institute Proceedings, 1991, Feb. pp.59-63.

＊現代潜水艦の基本的構造を考案し、試作品を完成させたホーランドを紹介したもの。

■人物関連

A Concise Dictionary of Military Biography: Two hundred of the most significant names in land warfare, 10 th-20 th century, by Martin Windrow and Francis K. Mason, Windrow & Greene LTD. 1996.

＊ドイツ近代史での重要人物であるモルトケ、ルーデンドルフ、カイテルについては本書の Helmuth von Moltke, Erich von Ludendorff, Wilhelm Keitel の項参照。

■その他

『増補　潜水艦―その回顧と展望』堀元美著、原書房、1980年

『太平洋戦史シリーズ　WWI,WWII　Uボート・パーフェクトガイド』学習研究社、2006年

『ドイツ参謀本部―その栄光と終焉』渡部昇一著、祥伝社新書、2009年

＊ドイツ近代史で参謀本部の存在は大きい。ドイツ参謀本部の歴史を知るに良書。

『ドイツ参謀本部興亡史』ヴァルター・ゲルリッツ著、守屋純訳、学習研究社、1998年

『ドイツ史（世界各国史13)』木村靖二著、山川出版社、2001年

『ドイツの歴史』メアリー・フルブロック著、高田有現・高野淳訳、創土社、2005年

『ドキュメント現代史2　ドイツ革命』野村修編、平凡社、1972年

『世界の国ぐに―ドイツ』石出法太著、岩波書店、1991年

『開戦と終戦』富岡定俊、毎日新聞社、1968年

『ドキュメント昭和（5）世界への登場』NHK ドキュメント昭和取材班編、角川書店、1986年

＊第一次大戦後、日本の造船会社がドイツ人技師などを招いて潜水艦技術を学

んだ詳細が書かれている

【参考】日米独の海軍将校階級

日	米	独
元帥	Fleet Admiral	Grossadmiral
大将	Admiral	Admiral
中将	Vice Admiral	Vizeadmiral
少将	Rear Admiral	Konteradmiral
★	Commodore	Kommodore
大佐	Captain	Kapitan zur See
★	★	Freggatenkapitän
中佐	Commander	Korvettenkapitän
少佐	Lieutenant Commander	Kapitänleutnant
大尉	Lieutenant	Oberleutnant zur See
中尉	Lieutenant Junior Grade	Leutenant zur See
少尉	Ensign	Oberfänrich zur See

注：①ドイツ海軍には日米に較べて階級数が多い。★は対応する階級なし
　　②英米海軍の階級は大体同じ
　　③日本海軍の元帥は階級ではなく、勲功の大きかった大将に与えられた称号

著 者
谷光 太郎（たにみつ たろう）
1941年香川県生まれ。1963年東北大学法学部卒業。同年三菱電機入社。
1994年山口大学経済学部教授。2004年大阪成蹊大学現代経営情報学部教授。2011年退職、現在に至る。
著書に、『米海軍戦略家の系譜』（芙蓉書房出版）、『米海軍から見た太平洋戦争情報戦』（芙蓉書房出版）、『ルーズベルト一族と日本』（中央公論新社）、『米軍提督と太平洋戦争』（学習研究社）、『情報敗戦』（ピアソン・エデュケーション）、『敗北の理由』（ダイヤモンド社）、『海軍戦略家マハン』（中央公論新社）、『海軍戦略家キングと太平洋戦争』（中公文庫）、『統合軍参謀マニュアル』（翻訳、白桃書房）、『黒澤明が描こうとした山本五十六』（芙蓉書房出版）などがある。

ドイツ海軍興亡史
——創設から第二次大戦敗北までの人物群像——

2020年10月8日　第1刷発行

著　者
たにみつ　たろう
谷光　太郎

発行所
㈱芙蓉書房出版
（代表　平澤公裕）
〒113-0033東京都文京区本郷3-3-13
TEL 03-3813-4466　FAX 03-3813-4615
http://www.fuyoshobo.co.jp

印刷・製本／モリモト印刷

米海軍戦略家の系譜
世界一の海軍はどのようにして生まれたのか

谷光太郎著　本体 2,200円

マハンからキングまで第一次大戦〜第二次大戦終結期の歴代の海軍長官、海軍次官、作戦部長の思想と行動から、米国海軍が世界一となった要因を明らかにする。

米海軍から見た太平洋戦争情報戦
ハワイ無線暗号解読機関長と太平洋艦隊情報参謀の活躍

谷光太郎著　本体 1,800円

ミッドウエー海戦で日本海軍敗戦の端緒を作った無線暗号解読機関長ロシュフォート中佐、ニミッツ太平洋艦隊長官を支えた情報参謀レイトンの二人の「日本通」軍人を軸に、日本人には知られていない米国海軍情報機関の実像を生々しく描く。

黒澤明が描こうとした山本五十六
映画「トラ・トラ・トラ！」制作の真実

谷光太郎著　本体 2,200円

山本五十六の悲劇をハリウッド映画「トラ・トラ・トラ！」で描こうとした黒澤明は、なぜ制作途中で降板させられたのか？黒澤、山本の二人だけでなく、20世紀フォックス側の動きも丹念に追い、さらには米海軍側の悲劇の主人公であるキンメル太平洋艦隊長官やスターク海軍作戦部長にも言及した重層的ノンフィクション。

英国の危機を救った男チャーチル
なぜ不屈のリーダーシップを発揮できたのか

谷光太郎著　本体 2,000円

ヨーロッパの命運を握った指導者の強烈なリーダーシップと知られざる人間像を描いたノンフィクション。ナチス・ドイツに徹底抗戦し、ワシントン、モスクワ、カサブランカ、ケベック、カイロ、テヘラン、ヤルタ、ポツダムと、連続する首脳会談実現のためエネルギッシュに東奔西走する姿を描く。

海洋戦略入門　平時・戦時・グレーゾーンの戦略

ジェームズ・ホームズ著　平山茂敏訳　本体 2,500円

海洋戦略の双璧マハンとコーベットを中心に、ワイリー、リデルハート、ウェゲナー、ルトワック、ブース、ティルなどの戦略理論にまで言及。軍事戦略だけでなく、商船・商業港湾など「公共財としての海」をめぐる戦略まで幅広く取り上げた総合入門書。

戦略論の原点　軍事戦略入門　新装版

J・C・ワイリー著　奥山真司訳　本体2,000円

軍事理論を基礎とした戦略学理論のエッセンスが凝縮され、あらゆるジャンルに適用できる「総合戦略入門書」。クラウゼヴィッツ、ドゥーエ、コーベット、マハン、リデルハート、毛沢東、ゲバラ、ボー・グエン・ザップなどの理論を簡潔にまとめて紹介。

戦略の格言　普及版　戦略家のための40の議論

コリン・グレイ著　奥山真司訳　本体 2,400円

戦争の本質、戦争と平和の関係、戦略の実行、軍事力と戦闘、世界政治の本質、歴史と未来など、西洋の軍事戦略論のエッセンスを40の格言を使ってわかりやすく解説した書が普及版で再登場。

現代の軍事戦略入門　増補新版

陸海空からPKO、サイバー、核、宇宙まで

エリノア・スローン著　奥山真司・平山茂敏訳　本体 2,800円

古典戦略から現代戦略までを軍事作戦の領域別にまとめた入門書。コリン・グレイをはじめ戦略研究の大御所がこぞって絶賛した書。

クラウゼヴィッツの「正しい読み方」『戦争論』入門

ベアトリス・ホイザー著　奥山真司・中谷寛士訳　本体 2,900円

『戦争論』解釈に一石を投じた話題の入門書。戦略論の古典的名著『戦争論』の誤まった読まれ方を徹底検証する。